U0907635

励志

奥里森·马登成功学全解

写给青年人的成功学经典

～精华版～

崔秀宇　编著

Orison Marden

我们只是站在**成功学大师的肩膀上**

领略不一样的成功人生

中华工商联合出版社

图书在版编目（CIP）数据

奥里森·马登成功学全解 ：精华版 / 崔秀宇编著.
--北京：中华工商联合出版社，2016.7（2021.7 重印）

ISBN 978-7-5158-1705-7

Ⅰ.①奥… Ⅱ.①崔… Ⅲ.①成功心理-通俗读物
Ⅳ.①B848.4-49

中国版本图书馆CIP数据核字（2016）第142525号

奥里森·马登成功学全解（精华版）

编　　著：崔秀宇
责任编辑：郑承运　李　瑛
封面设计：吕丽梅
责任审读：郭敬梅
责任印制：迈致红
出版发行：中华工商联合出版社有限责任公司
印　　刷：唐山富达印务有限公司
版　　次：2016年11月第1版
印　　次：2021 年 7 月第 4 次印刷
开　　本：710mm × 1020mm 1/16
字　　数：260千字
印　　张：16
书　　号：ISBN 978-7-5158-1705-7
定　　价：78.00 元

服务热线：010-58301130
销售热线：010-58302813
地址邮编：北京市西城区西环广场A座
19-20层，100044
http：//www.chgslcbs.cn
E-mail：cicap1202@sina.com（营销中心）
E-mail：gslzbs@sina.com（总编室）

PREFACE 前言

奥里森·马登（1848—1924），美国成功学的奠基人和最伟大的成功励志导师、成功学之父、《成功》杂志的创办人。如今，《成功》杂志在美国无人不晓，它通过创造性地传播成功学而改变了无数美国人的命运，致力于马登尚未完成的事业：把个人成功学传授给每一个想出人头地的年轻人。

1850年，马登降生于美国一个贫苦家庭。他3岁失母，7岁丧父，生活环境也极其恶劣。为了更好地生存，马登开始了比一般山区孩子更为艰苦的挣扎。他先是寄人篱下，给人做工。那时他总吃不饱饭，还要每天工作14小时以上；没有同龄的朋友，还要受到主人孩子的嘲弄和虐待；没有长辈的关爱，还要忍受主人的责骂和皮鞭。他先后换过5个主人，但情况没有丝毫好转。

马登14岁时，他决定要有所突破。一个星期日，马登出逃了。在一家锯木场找到工作后，马登开始抓紧一切时间和机会读书。突然，一本书使他眼前一亮，这就是塞缪尔·斯迈尔斯的《自己拯救自己》——一本著名的成功学著作。从那以后，奥里森·马登就意识到：一个人要想成功必须依靠自己，拿自己作资本；只要肯付出努力，就一定能获取成功。

在这个信念的支持下，马登开始了漫长的奋斗之路。之后，他先是断断续续地上了几年学，同时努力工作养活自己。

23岁时，奥里森·马登走进了大学校门。九年后，他拿到了如下学位：奥拉托利会学士，波士顿大学硕士，哈佛医学院博士，以及波士顿大学法学院学士，同时攻读多个科目并未影响他的收入。毕业前夕，他积攒了将近2万美元。

在此后的十几年里，马登马不停蹄地奋斗，在坚定信念的指导下，朝着自己的目标前进。40岁前后，马登已经成了一位旅店业大亨。他的事业蒸蒸日上，似乎没有任何变故能阻挡“幸运的马登”走向成功。

当然，不幸偶尔也会降临。接下来的经济大萧条使马登的事业直线下滑，而且他最重要的一些旅店被大火夷为平地，倾注了大量心血的五千多页的手稿也在大火中化为灰烬。但马登没有屈服，他始终坚信，只要自己活着，就能创造财富。

背着沉重的债务，马登带着永不褪色的梦想来到波士顿。他开始了成功学方面的创作。他觉得他更有资格投身这个事业，因为，在他四十多年的奋斗历程中，在财富的阶梯上，他曾经站在最高处，也曾被抛到谷底，所以，他更了解财富与成功的奥秘。

1894年，马登的梦想成为现实，处女作《伟大的励志书》获得了巨大成功，第一年就再版11次。到1905年前后，这本书仅在日本就售出近100万册。

1897年，马登的《成功》杂志创刊。很快，《成功》杂志获得了巨大的成功，发行量达30万册，员工达到200名。但是天有不测风云，杂志内部开始分裂，后来又因为得罪权贵而被告上法庭。1911年，《成功》杂志倒闭。又一次，马登债务缠身。马登多次表达过，对一个人真正的考验是看他与失败斗争的勇气，真正的强者是“第一次不成功，那么，再试一次”！像以前一样，马登再次用行动证明了强者的力量。他继续坚持出书，并计划再办杂志。1918年，《新成功》创刊。即使在马登去世之后，这本杂志仍然激励着千千万万的有志者，继续着马登的伟大事业。

马登撰写了大量鼓舞人心的著作，包括《一生的资本》《思考与成功》《伟大的励志书》《成功的品质》《高贵的个性》《奋力向前》《正确思考的奇迹》《成功学原理》等。马登的书在美国一上市，即受到了大众的认同，被很多公立学校指定为教科书或参考书，不少公司企业将其发给员工阅读，在商人、教育人士、政府官员和神职人员中也深受欢迎。林语堂先生曾向人们推荐他的书："对于时代青年所经验的烦闷、消极等等滋味，我亦未曾错过……希望他们从马登的书中，能获得（与我）同样的兴奋影响。"美国第25任总统威廉姆·麦金莱曾说："马登的书对所有具有高尚和远大抱负的年轻读者，都是一个巨大的鼓舞。马登的著作和他所倡导的成功原则，改变了世界各地千百万贫苦人民的命运，使他们由一贫如洗变为百万富翁，从无名之辈变为社会名流。"

奥里森·马登的人生本身就是一个最具励志意义的奋斗故事，而他的著作不仅包含着这个故事的所有精华，更经典地阐释了"美国梦"的灵魂所在，书中那些催人奋进、令人热血澎湃的文字激励了一代又一代的年轻人走向成功。

本书以奥里森·马登的经典成功学著作为蓝本，从中提炼出高度有效的理论原则，这些理论原则都是奥里森·马登成功学的核心部分，都是经过无数成功人士验证的励志经典。另外，我们又结合当代中国年轻人的现状，详细阐述了在当下社会环境中，我们的年轻人应该如何活学活用奥里森·马登的成功学理论。

毋庸置疑，这本书一定会成为你获取成功的利器！也一定会让你的人生从此改变！我们期待着，期待你通过这本书走进奥里森·马登的精神世界，激扬文字，用心感受他所传授给你的力量，发掘出自己的最大潜能，并最终造就属于自己的美丽人生！

最后，让我们用奥里森·马登伟大的励志格言来共勉：

"这个世界上没有任何力量能够阻碍我们走向成功。如果有，就是我们自己。"

CONTENTS 目录

第一章

把握好“自己”这笔财富

目 录 CONTENTS

第二章 优秀的品质是成功的基础

第三章 让目标达到沸点

第五章 积极的心态是成功的前提

CONTENTS 目录

第六章
你靠什么吸引别人

第七章
良好的习惯是成功之母

目录 CONTENTS

第一章

把握好“自己”这笔财富

最大的财富是你自己

我们每个人最大的财富，其实就是我们自己，成功立足点也在于我们自己。可是，很多人没有意识到这一事实不得不说，这是件悲哀的事情。如果有机会，你可以问问那些已过而立或者不惑之年的人们——前半生即将过去了，为什么他们仍然只能勉强维持生活？十个人中有九个大概会给出这样的答案：

“机遇始终没有眷顾我。”

“我的才华被埋没了。”

“我的环境不好，阻碍了我的个人发展。”

“我不像现在的年轻人，有那么多的机遇。”

“我接受教育太少……”

类似的理由还有很多，也就是说，一千个人就会有一千个理由，然而事实并非如此。奥里森·马登认为，每个人都拥有巨额的资本帮助我们走向成功，因为我们本身就是自己的一笔财富，那么，既然拥有巨额财富还会失败、终生碌碌无为，只能表明一点：我们没有发现自己真正拥有的，且没有很好地开发好这笔巨大的财富。

一个年轻男子对自己的贫困境况非常不满，总是怨天尤人。一个皓月当空的夜晚，男子一边在海滩漫步，一边抱怨自己的命运，同时还做着白日梦：

如果我有一辆新车该多幸福；

如果我有一座大房子该多幸福；

如果我有一份好工作该多幸福；

如果我有一个完美的妻子该多幸福；

如果……

“唉！”想到这里，他叹了一口气，“我真的很不幸啊！什么都没有！一穷二白！”

这时，一位老人正好经过这里，听到男子的抱怨后，微笑着对年轻男子说：“你贫穷吗？小伙子！你具有极为丰厚的财富，为什么还要怨天尤人呢？”

“我？我有巨大的财富？在哪里呢？我怎么没看见？您在嘲笑我吧？”他急切地问。

“那这样，只要你把你的眼睛给我，我就让你得到你想要的。”老人说。

“不，我不能失去我的眼睛。”他坚定地回答。

“好吧，那么把你的一双手给我吧。我可以用一整袋黄金作为交换。”老人又说。

“不，我的双手也不能失去。”年轻人的态度仍然很坚定。

老人没有继续要求下去，只是很平静地说：“有一双眼睛，你就可以学习，还可以去看这个世界；有一双手，你就可以劳动，还能做你想做的事。看看，你拥有的还少吗？”

听了老人的话，年轻男子恍然大悟。

实际上，成功的人，都是能从根本上看清自己、能很清楚地意识到并能很好地利用自己这笔巨大“财富”的人。如果我们都像故事中的年轻人一样，整天怨天尤人、不思进取，何来成功?

马登临终前，有人问他，从一个生活窘迫的孤儿到闻名世界的成功学大师，这其中有什么成功的秘诀吗?马登用尽最后的力气回答说：“拯救自己！我们自己就是一笔巨额的财富，每个人都是如此。那些勇于认识自己、开发自己巨额财富的人，注定会取得成功。”

这就是马登成功的答案！一个非常简单的答案。马登这句话，从某个角度道出了成功的真谛：我们每个人都是自己的一笔巨大财富，利用好自己，开发好自己的这笔巨大财富，就能够获得成功。

像马登这样，相信自己、能正确认识自己的人，大有人在。

亨利·沃德·比彻曾说过：“每个人应该思考的不是他已经有什么，而是他应该做什么。”也就是说，即使你碰巧出身名门、家世显赫，或者拥有雄厚的经济实力——再或者这些条件都具备——但是如果你自己没有自立意识，总是抱着“背靠大树好乘凉”的想法，那么对不起，你永远都不可能以成功者的姿态出现在众人面前。

林肯曾经和克劳福德太太开玩笑，说将来某一天自己可能会成为美国的总统。克劳福德太太根本不相信他。面对克劳福德太太的嘲笑，年轻的林肯这样说：“哦，我会刻苦学习，时刻做好准备，然后说不定机会就降临到我头上了呢。”如果不是这个年轻人下定决心锻炼自己的能力，不遗余力地培养自身作为领袖的素质，那么，你认为世界上有什么力量，能让白宫向这个出身贫寒、成长于偏僻林区而且举止笨拙的孩子敞开大门呢?

法拉第年轻时在一家药店工作。当时他就梦想着能够成为科学家进行各种科学实验，那么他会想些什么呢?他会认为“只有拥有一间设备齐全的实验室，我才能做出举世震惊的成就”吗？当然不是。他从来没有在空想上浪费一丁点儿时间。就在小小的阁楼里，他利用粗糙的仪器完成了非凡的实验，将科学研究推进了一大步，并且因此赢得了汉弗莱·德卫爵士的青睐。如果这个药店的小学徒成天只是空想，等待有一天拥有很多仪器再去做实验的话，你觉得当别人问德卫爵士，他眼中最伟大的科学发现是什么时，他还会回答说是“迈克尔·法拉第的发现”吗？

迈克尔·安吉洛利用其他艺术家丢弃的大理石废料雕出绝妙的“大卫”雕像，从而将机遇紧紧地握在手中，因为他懂得利用自己的财富去创造更多的财富。

同样生活在这个世界上，有的人活出了风情万种的百味人生，有的人活出一股怨气，而那些丧失了激情和创造力的人，活出的是一种无奈与痛苦。这个世界是公平的，活着就意味着拥有机会。人生就像在爬山，爬得比你高的不一定比你强壮，同样，现在爬得比你高的人也不一定就永远比你高，因为你活着，活着就意味着永远有机会，意味着你还有未来。

也许我们听到过这样一句话，上帝不会因为你的贫穷而拒绝你出生，也不会因为你的富有而延长你的寿命。你贫穷，但你不会永远贫穷，你富有，却不能保证你会永远富有。每个人的未来，都在于他自己如何把握。用自己的力量树立志向，而且甘于和敢于冒险，最后成功就会属于你，而你的力量和勇气，也是你身上最大的财富。

所以，请珍惜我们自己这笔巨额财富！因为造就伟人的关键，并不是精良的工具、千载难逢的机遇、权势显赫的朋友或庞大的财富等因素，赢得成功的巨大力量就存在于你的体内。换句话说，我们一直苦苦追求的宝贵机遇就在我们自己身上，而不是周围的环境，更不是所谓的运气、机遇或者别人的扶持。如果我们具有成功的能力，那么没有人能够掩盖我们的光芒；若我们缺乏这种潜质，那么同样也没有人能够帮我们取得成功。造物主给予每个人的机遇是均等的，但你必须自己找到钥匙，才能打开通往成功殿堂的大门。

请珍惜自己吧，因为我们本身就是一笔巨大的财富，这是上帝赋予我们最独特的意义。

2

你本身就是一座金矿

奥里森·马登认为，人的潜能犹如一座金矿，蕴藏着无穷的价值，用积极的心态去发掘和利用它，它必将给我们带来巨大的财富和幸福的生活。当然，如果你疏于管理你自己——你的金矿，你就永远不会成功，因为你本身就是一座金矿！

每个人都是自己的金矿，都蕴藏着大自然赐予的巨大潜能和无限力量，只是由于没有进行各种潜能训练，使得我们没有机会将内在的潜能淋漓尽致地发挥出来。我们身上没有得到开发的潜能，犹如一位熟睡的巨人，一旦受到激发，便能发挥"点石成金"的力量。曾经有一位叫做詹姆斯的美国学者，也说过这样一句话："我们的潜能无限，犹如一座待开发的金矿，但是开发得如何因人而异，一般来讲，普通人只开发了自己身上所蕴藏能力的1/10，与应当取得的成就相比，每个人不过是半醒着的。而那些成功的伟大人物都是善于开发自己潜能的精明人物。"

班·费德雯，1912年出生于美国，是保险销售史上一位传奇人物。1942年，费德雯加入纽约人寿保险公司。1955年，还没有人敢去想，一名寿险业务员的年度业绩可以超过1000万美元，10年后，他打破了寿险史上的纪录，年度业绩超过1000万美元；1959年，2000万美元的年度业绩还被认为是遥不可及的梦，一年后，他把梦想变成了现实；1966年，他的寿险销售额冲破了5000万美元的大关；1969年，他缔造了1亿美元的年度业绩，至此之后这种情况更是屡见不鲜；1984年，他成为百万圆桌协会会员（MORT），此为全美保险业的最高荣誉。

班·费德雯的单件保单销售曾做到2500万美元，单一年度业绩超过1亿美元。费德雯一生中售出数十亿美元的保单，这个金额比全美80%的保险公司的销售总额还高。在这个专业化导向的行业里，连续数年达到10万美元的业绩，便能成为众人追求的、卓越超群的百万圆桌协会会员，而费德雯却做到近50年平均每年的销售额达到近300万美元的业绩。放眼寿险史，没有任何一位业务员能赶上他，而这一切，仅是他在自己家方圆40里内，一个人口只有1.7万人的东利物浦小镇中创造出来的。

费德雯说："我并没有任何秘诀！"其实他已把他的"秘诀"公诸于世了。多年来，他总是从早到晚，从周一到周日，不间断地努力工作。费德雯认为："对自己的生活方式与工作方式完全满意的人，已陷入常规。假如他们没有鞭策力，使自己成为更好的人，或使自己的工作更杰出，那么他们便是在原地踏步。而正如任何一位业务员会告诉你的，原地踏步就等于退步。"

在常人看来是不可能完成的任务，班·费德雯却用行动告诉我们：没有什么不可能！一个人的潜力是无限的！只要我们善于管理我们自己这座"金矿"，就能创造很多奇迹。

通常情况下，很多人习惯于依赖既有经验，认为别人做不到的事情我也不可能做到，于是他们安于现状，习惯了按部就班的生活，习惯于从事那些让自己感到安全的事情，习惯于表现自己熟悉、擅长的本领，不愿意去改变自己的生活，更不敢去探索未知的领域。长此以往，自身的潜在能力始终得不到挖掘，所有的潜能都被机械式操作埋没，并随着年龄的增长、肌体的变化而渐渐消失。而在我们的日常生活中，只有那些对成功怀有强烈企图心、勇于挑战自我极限的人，才能激发内在蕴藏的能力，从而比他人更容易获得成功。

爱迪生是举世公认的20世纪科学巨匠，可在小时候，他却因为被老师认为愚笨而失去了在正规学校受教育的机会。但他的母亲并没有因此而放弃对他的教育。在母亲的帮助下，经过独特的心脑潜能开发，爱迪生最终成为世界上最著名的发明大王，一生完成了两千多种发明创造，并在留声机、电灯、电话、有声电影等许多项目上进行了开创性的发明，从根本上完善了人类的生活质量。

爱迪生逝世后，科学家们对他的大脑进行了科学研究，结果表明爱迪生的大脑无论从体积、重量、构造还是细胞组织上，都与同龄的其他任何人无异，并没有任何特殊性。这也就表明，爱迪生成功的“秘诀”并不在于他的大脑与众不同，如果真要找一个理由，我们可以用爱迪生自己的话来解释其中的奥秘，“在于超越平常人的勤奋和努力以及为科学事业忘我牺牲的精神”。这也告诉我们，潜能的开发程度取决于一个人是否勤奋。积极进取的人，其潜能能够获得深度的开发；消极懈怠的人，凡事得过且过，注定一事无成。正如奥里森·马登所说：“并非大多数人命里注定不能成为爱迪生式的人物，任何一个平凡的人，只要发挥出足够的潜能，都可以成就一番惊天动地的伟业。”

总而言之，不管何时何地，我们都不应该忽视这一点：我们每个人都是一座金矿。我们要善于开发自己并管理好自己这座金矿。无论是正陷于人生的低谷时期，还是沉浸在他人怀疑、否定的苦涩话语之中，我们都不要怀疑自己的能力。切记：积极的心态加上勤奋努力，我们每个人都能够激发生命的潜能，创造出人生的奇迹。

成败皆取决于你自己

成败由什么来决定？对于这个问题，每个人都会给出不同的答案，有人认为，细节决定成败；有人认为，心态决定成败；有人认为，健康决定成败；有人认为，人际关系决定成败……答案无穷无尽。奥里森·马登认为，成败皆由我们自己决定！

一位心理学家让10个人穿过一间黑暗的房子，在他的指导下，这10个人皆成功地穿了过去。然后，心理学家打开房内的一盏灯。在昏黄的灯光下，这些人看清了房内的一切，都惊出一身冷汗。只见这间房子的地面是一个大水池，水池里有十几条大鳄鱼，水池上方搭着一座窄窄的小木桥，刚才他们就是从小桥上走过去的。心理学家问：“你们还有谁愿意再次穿过这间房子呢？”过了很久，有3个胆大的人站了出来。一个小心翼翼地走了过去；另一个走到一半后趴在小桥上爬了过去；第三个刚走几步就一下子趴倒，再也不敢向前移动半步。

心理学家又打开房内的另外9盏灯，灯光把房里照得如同白昼。这时，人们看见小木桥下方装有一张安全网，只由于网线颜色极浅，他们刚才根本没有看见。

“现在，谁愿意通过这座小木桥呢？”心理学家又问道。这次又有5个人站了出来。

“你们为何不愿意呢？”心理学家问剩下的两个人。

“这张安全网牢固吗？”这两个人异口同声地反问。

其实正如这个故事所暗示的道理一样，很多时候，成功就像通过这座小木桥，失败的原因恐怕不是力量薄弱、智能低下，而是周围环境的威慑。面对险境，很多人会心态失衡，从而慌了手脚、乱了方寸，而那些真正敢于挑战的人，最终会拥抱成功。这就告诉我们，成功与失败皆取决于我们自己，而不是任何外在的环境因素。因为在同样的外在环境中，总有人成功，也总有人失败。

一群蛤蟆在进行比赛，看谁先到达一座高塔的顶端，周围还有一大群围观的蛤蟆在看热闹。

比赛开始了，只听到围观者一片嘘声：“太难为它们了！这些蛤蟆无法达到目的地。”

听到这样的议论，参赛的蛤蟆们开始泄气了。但还是有一些不服输的蛤蟆在奋力摸索着往上爬。

围观的蛤蟆继续喊着：“太艰苦了！你们不可能到达塔顶的！”

大部分蛤蟆被说服并停了下来，只有一只蛤蟆一如既往地继续向前，并且更加努力，以令人不解的毅力一直坚持着，最终到达了终点。

所有的蛤蟆都很好奇，想知道为什么就它能够做到！最后，大家才发现这位唯一的胜利者竟然是一只聋蛤蟆！

当所有的蛤蟆都停止努力的时候，只有这只“聋子”蛤蟆还在努力，因为它听不到别人的议论，不受任何干扰，只向自己认准的方向前行。这是一个很有意思的现象。从成功学的角度来看，我们不妨这样理解：其实那些蛤蟆都能取得成功，都能完成在平常看来不可能完成的任务，前提是它们不放弃，坚持下去。而它们之所以失败，很多时候并不是因为真的遭遇了不可克服的困难，而是因为它们选择了放弃。

在现实生活中，每个人都有自己的追求，但在为理想而奋斗时，身旁有鼓励、有支持，也有冷嘲热讽，当我们遇到类似情况时，不妨做一个“聋子”，认认真真地走好自己脚下的路，这比总想着困难要好得多。人最大的敌人就是自己，只有战胜自己软弱的一面，竭尽全力，心无杂念地朝着目标前进，才能成为最后的胜利者。

“专心于路，路就不会多难走；专心于事，事就不会太难做！”

在最困难的时候，奥里森·马登也没有放弃过自己，他虽然遭受过别人的嘲笑，忍受过痛苦、饥饿，但是他没有放弃。我们也应该向这位成功学大师学习，因为，成败皆由我们自己决定，我们想成功就一定能成功。

学会发现自己的长处

生活中，很多人善于发现别人的优点，像某人很漂亮啦、某人工作能力很强啦、某人人缘很好啦，但却很少能看到自己的长处和价值，这是因为受千百年来的传统教育影响过度谦虚，认为要严于律己，所以对自己的要求和批评较多，期望也较高。时间久了，便会造成否定自己的心态，认为自己很多地方不够好，逐渐产生自卑感，失去自信心，非常消沉，认为自己的存在没价值，有些人甚至出现厌世心态。殊不知，每个人都有自己的长处，只是很多人没有学会如何发现自己的长处、找到自己的价值所在罢了。

一位青年贫困无业，只身去往巴黎向父亲的朋友谋求一份工作。当这位长辈问青年有什么优点、长处时，青年羞愧地摇了摇头，写下地址转身要走。长辈却叫住了他，说："你的字写得很漂亮，这不是你的长处吗？"青年十分感动，并以这个长处为起点，笔耕不辍，经过不懈的努力，终于成为了举世闻名的大作家，他就是大仲马。

从无业青年到著名作家，正是因为大仲马在长辈的启发下将自己的优点"发扬光大"，加上不懈的努力，才走向成才之路。

天生我才必有用，每个人都有自己的长处和短处，我们必须具备一双慧眼，发现自己身上的闪光点。只要你善于发现自身长处，树立信心，再去摘取成功之果，也就事半功倍了。

可能有人会问，发现了自己的优点，树立了信心，就一定会成功吗？当然不是。成功并非偶然，成功之门虽然是虚掩的，但仍要靠你自己用勤奋和努力用勤奋和努力去打开它。既然你发现了自己的长处，那就要好好地利用它、发扬它。人生就像一场长跑，你既然有优势，就应更加满怀信心地加把劲，用心地跑。如你的长处是绘画，那么你就应多花费时间去画画；如你擅长写作，则该多阅读、多练笔……凡事只要肯努力都能取得成功。

你有一双慧眼吗？请相信自己，每个人都是一块金子，都有各自的闪光点，只要你善于发现自己的长处，你的人生就会更精彩。

奥里森·马登曾对朋友说过这样一件事情。

美国有位叫赫里斯的女士，发起了一个叫做“蓝色缎带”的运动，希望每一个美国人都能拿到一条她设计的蓝色缎带，上面大概写着“我可以为这个世界创造一些价值”的语句，她到处散发这种缎带，鼓励大家把缎带送给家人和朋友，她四处演讲，强调每个人的价值，结果因为这些缎带的传送，引发了许多感人的故事，也改变了许多人的命运。

有一次，这位女士把三条缎带送给一个朋友，希望他能转送给身边的人。这位朋友将其中一条送给他那不苟言笑、事事挑剔的上司，他觉得由于上司的严厉使他学到了许多东西，同时，他还把另外的那条也给了上司，希望他能拿去送给另外一个影响他生命的人。

上司非常惊讶，因为所有的员工一向对他敬而远之，他知道自己的人缘很差，没想到还会有人感念他的严厉苛求，将其当作正面影响而向他致谢，他的心顿时柔软起来。

整个下午，上司都坐在办公室里若有所思，而后他提前下班回到家里，把那条缎带给了他正值青少年期的儿子。他们父子关系一向不好，平时他忙于公务，不太顾家，对儿子也是责备的多赞扬的少。那天他怀着歉疚的心，把缎带给了儿子，同时为自己一向的态度道歉，并告诉儿子说，其实他的存在带给自己无限的喜悦和骄傲，尽管他从未称赞他，也很少有时间与他相处，但是他十分地爱儿子，也以他为荣。

当他说完这些话后，儿子竟然号啕大哭。一直一来，他以为父亲一点也不在乎他，觉得人生一点价值都没有，他不喜欢自己，恨自己不能讨父亲的欢心，正准备以自杀来结束痛苦的一生，没想到父亲这番话，打开了他的心结。这位父亲吓得出了一身冷汗：自己差点失去独子而不自知。从此他改变了自己的态度，调整了生活的重心，重新建立亲子关系，帮助儿子树立起对自己的信心，就这样，整个家庭因为一条小小的缎带而彻底改观。

蓝色的缎带真有这么大的魔力吗？有！因为它是一个提醒，提醒我们看到自己的价值。其实，发现自己的长处、看到自己的价值，对来讲都非常重要，它往往可以改变我们的一生，正像故事中的上司和他的儿子一样。世界上没有绝对的废物，没有绝对的无用之人，只要找到勇敢出击的突破口，谁都会有耀眼的闪光点，都是可用之材。要记住，上帝向你关上大门的同时，一定会为你打开一扇窗。只要打开那扇窗，阳光就会洒满心房，照亮七彩的人生。

澳大利亚的“无腿超人”约翰·库缇斯，因为看到了自己的长处、发现了自己的价值，最终成为国际著名的激励大师，他用戴着手套的大手撑着半截身躯走路，他始终昂头、微笑，礼貌而自信，当有人问他

"你幸福生活的秘诀是什么"时，他说："人生中的快乐和不快乐都是重要的部分，如果只有快乐或者不快乐，生活就索然无味了。"

类似这样的例子还有很多。

那么，我们应该如何发现自身的长处呢？这里向大家介绍一种方法，就是反馈分析。当我们做出重大决定、采取重要行动时，先把预期成果记下来。九个月或一年后，再把实际成果和预期做个比较。凡是利用过这项方法的人，都会有惊人的收获。这种简单的方法能让你在短短的两三年内，就知道自己的长处在哪里——这正是自我了解的重点所在。此外，反馈分析也能告诉我们，在哪些方面尚未充分发挥所长而没把事情做好，同时，它也会指出，我们特别不擅长或根本无法做的事是什么。

5

必须警惕自己的弱点

有一位哲学家曾经说过："我是我自己最大的敌人，也是自己不幸命运的起因。如果我们想获得成功，我们就必须战胜我们身上的弱点。"奥里森·马登认为，所有人都有弱点，这并不是什么耻辱的事情，正如有人戏言的那样，世界上每个人都是被上帝咬过一口的苹果，都是有缺陷的，重要的是我们要勇于克服我们的弱点，警惕我们的弱点。积极主动地改掉弱点是明智的，不去改掉弱点是不求进取的。真正的耻辱是明知自己有很多弱点，却不去正视自己的弱点，不积极改正自己的弱点。

针对单个的人来讲，别人根本不可能知道你的全部弱点，只有你自己才能清醒地认识到自己的弱点。承认弱点是痛苦的，改正弱点却是幸福的。认识到危机即是转机，理性反思，积极深刻地进行自我反省，是战胜自我的开始。要痛下决心，认识一点，改掉一点；认识一条，改掉一条，誓与弱点彻底告别。

自古以来，那些闻名世界的伟人大师无不是在正确认识自己的弱点并能克服自己的弱点后，才最终作出巨大成就的。

托马斯·爱迪生曾被问及为何要做一个彻底的禁欲者，他说："我想这样我可以更好地运用我的智慧。"

柏拉图说："对一个人来说，要想取得胜利，首先要战胜自己，无法战胜自己是最卑劣最可耻的事情。”

齐默曼说：“沉默是对因无礼、粗俗或嫉妒引起的任何矛盾的最好回答。”

塞内加，最伟大的古代哲学家之一，他说，我们应该日省吾身。我今天克服了什么缺点？阻止了什么欲望？经受住了哪些诱惑？学到了什么美德？他继续阐述这一深邃的真理：“如果我们每天忏悔，我们的罪孽就会减轻。”

以下是人性中最常见的十大弱点排名，或许也能在你身上得到验证：

不懂得稳健

一个人生活在人群中，首先要懂得稳步发展的道理，凡是想一步登天的人都是疯子。当一个人开始疯狂时，应该就是他开始走向自我毁灭的时候。这个世界上，任何事物都有一个渐进的、稳定的增长过程，如果不懂得其规律性便是自掘坟墓了。因此，不管你是做官、求学、做生意，专职或是从事自由职业，你都得懂这个道理：就是要稳住步伐少摔跟头，让健康的思维与身体并行，做任何事情都应有头有绪，不乱心智、不盲目，不轻易上当。

不懂得冷静

人往往在情绪冲动的时候就会失去理智，做什么事都奋不顾身，不考虑后果的严重性。这时，最需要的是先冷静下来，控制自己的脾气，用正常的思维能力把问题的前因后果想一想，弄明白轻重缓急。没有什么事是解决不了的，只有冷静分析才能产生智慧的果实。冷静犹如冰块，需要慢慢融化，而在融化的过程中产生的雾气胜过水的冲击。如果人能做到遇事冷静，那他便是一个真正成熟的人。凡事三思而后行，才能稳健取胜。

不懂得谦虚

俗话说“满招损，谦受益”，骄傲自满的人会为自己招来横祸，而谦虚谨慎的人能给自己带来好运。谦虚是一种难得的人格修养，是踏实能干的作风，是深谋远虑的聪慧。不懂得谦虚的人就如芒刺，总刺伤别人，结果肯定会被别人给“砍掉”。谦虚的人懂得感恩，懂得进取，心胸也坦荡。所以，学得谦虚一些，为人处事更能得到大家的尊重；牛皮吹破了，连你自己都会嘲笑自己。

不懂得算计

所谓的算计，也许大家会以为是阴谋诡计之类的心计，其实不然。其实，在现实生活里，人们总说人心复杂，江湖险恶，如果没有一些防备之心肯定要吃亏。“算”是要让人对事物与人际懂得盘算，做到心中有数；“计”乃计上心来，懂得如何去分辨好坏。比如做生意你得懂得算账，打仗你得懂得策算到位、计划周密，即使是日常生计你也要懂得盘算收支，预防意外。一个在生活中不懂得如何去算计事情的人，往往会吃哑巴亏。

不懂得专注

做任何事，都要有一股专注的干劲方能获得成绩。不要给自己太多的理由与借口，最要紧的是把手头的事情做好、做到位，反复无常只会一事无成。每个人都要给自己一个明确的目标，目标不能太多，否则就等于没有目标。我们都要很清晰地认识到自己先做什么，该做什么，做到什么程度以及坚持做什么，而不能朝秦暮楚，顾此失彼。专注于自己所选择的事，认真地做，就一定会取得意想不到的成功。那些曾经不懂得专注做一件事的人，都在反复游离中消磨了自己的青春、时间、生命，最终一事无成。

不懂得放弃

有的人总是很倔强，但又没有办法释放出自己的能量，遇到难解难分的问题时，自以为只要不放弃就有结果。其实不然，有些问题你越与它较劲它就越会复杂化，使你迷入歧途，不能自拔。就像爱情，当对方因为种种原因离你而去，你就觉得不服气，坚决不肯放弃，然后在愤怒中自甘堕落，最后毁灭了自己。其实你又何必呢？常言说，天涯处处有芳草，痴情催人老。如果你能冷静下来细想一下，你还有远大的抱负与理想，如果你还不懂得放弃，那么你就成为没有任何志向的庸人，本身就不值得别人爱。还有一些本不该属于自己的东西，我们都要舍得放弃，不能因为贪图利益而不肯放弃，最终误了自己。比如说，一个人身上的负担过重，心理压力过大，就得学会放弃那些多余的累赘。人生路途遥远，轻装上阵，前景才能一片美好。放弃，能让人收获更多有价值的东西。

不懂得勤俭

所谓“天道酬勤，勤劳致富”，这是人类社会发展变化的根源，而在有一定物质财富的时候，人们还需要懂得继续勤俭持家的道理。这个世界上，财富是无法用数字去累计的，但真正富有的人，都是靠持续地勤俭节约、勤耕苦耘，使自己的财富不断累积起来。有些人浮躁虚夸，不屑于做小事，一心想赚大钱，而在大钱还没有赚到的时候就开始大手大脚地花费，不惜借高利贷、赌博，玩一些轻易就能捞到钱的风险行当，大肆挥霍一番，最后家徒四壁、债台高筑，让自己走上绝路。因此，不要小看“勤俭”二字，它可以使人富得冒油，也能让人穷到冒灰。从现在开始，学会勤俭吧，人要懂得积蓄。病、祸、灾、乱往往难以避免，一个没有积蓄的家庭和个人，怎么去应对生活中的突发事件呢？何况，每个人都要添置或频繁更新日常用品，学习差旅、抚养孩子、照顾老人等也需要拿出积蓄计划有序……要想不为金钱忧虑，就要学会勤俭；勤俭才是致富的能源。

不懂得健康

没有人不希望自己永远健康快乐、不生病，但那是不可能的，即使你有很多钱，可以买到很好的医疗服务，也无法买到永远的健康。对于生命来说，健康是一种奖赏，因为不生病便是一生最大的福分。无论干什么，拥有健康的身体都是首要且必需的条件，同时，拥有健康的心理和思维，又比健康的体魄更重要。

6

一定要能认识你自己

奥里森·马登认为，一个人只有认识自己，才能更好地开发自己。人一旦丢掉属于自己的东西，就有可能失去一座金矿。在这个世界上，每个人身上都潜藏着独特的天赋，这种天赋就像金矿一样，埋藏在我们平淡无奇的生命中，一个人能否有幸挖到这座金矿，关键看他能不能脚踏实地地发挥自己的长处，去经营自己的人生。

卓别林开始拍电影时，那些电影导演都坚持要卓别林去模仿当时非常有名的一个德国喜剧电影演员的表演方式。苦恼的卓别林久久尝不到成功的滋味，后来他意识到必须保持自己的本色，经过不懈的努力，他终于创造出一套属于自己的表演方法，并由此名垂青史。

美国歌星奥特雷刚出道时，老想改掉他那口得州乡音，力图使自己像个城里的绅士，结果大家都在背后耻笑他不伦不类。后来，奥特雷终于醒悟过来，他发现自己音色很有特点，便开始利用自己的音色唱西部歌曲，最终成为全美电影和广播方面最有名的西部歌星。

索凡石油公司人事主任迈克尔曾接待过六万多个求职者，他在《谋职的六种方法》一书中指出：来求职的人所犯的最大错误，就是不保持本色。他们不以真面目示人，不能完全地坦诚，而是给你一些他以为你想要的回答。可是这个做法一点儿用也没有，因为没有人愿意成为伪君子，正如从来没有人愿意收假钞票一样。

纪伯伦在其作品里讲了一个狐狸觅食的故事：狐狸欣赏着自己在晨曦中的身影说：“今天我要用一只骆驼当午餐！”整个上午，它奔波着寻找骆驼。但当正午的太阳照在它的头顶时，它再次看了一眼自己的身影，说：“一只老鼠也就够了。”

狐狸之所以犯了两次截然不同的错误，与它选择“晨曦”和“正午的阳光”作为镜子有关。晨曦不负责任地拉长了它的身影，使它错误地认为自己就是万兽之王，并且力大无穷、无所不能，而正午的阳光又让它对着自己已缩小了的身影妄自菲薄。

在现实生活中，与狐狸相似的大有人在，他们对自己的认识不足，过分强调某种能力或者无根据地承认自己无能。这种情况下，千万别忘了上帝为我们准备了另外一块镜子——“反躬自省”，它可以让我们照见落在心灵上的尘埃，提醒我们“时时勤拂拭”，使我们认识真实的自己。

尼采曾经说过：“聪明的人只要能认识自己，便什么也不会失去。”只有正确地认识自己，才能充满自信，使人生的航船不至于迷失方向；只有正确认识自己，才能更好地确定人生的奋斗目标。有了正确的人生目标，并充满自信地为之奋斗终生，此生便也无憾，即使不成功也会无怨无悔。

世界上没有两片完全相同的树叶，人也一样，每个人都是上帝的宠儿。正确认识自己，既能看到自己的长处，也能认识到自己的不足，为自己正确定位，才能满怀自信地去迎接机遇和挑战，给自己创造更多的成功和欢乐。

虽然，生活赋予我们每个人的并不是完全相同的阳光雨露，但上帝是无私的，天生我材必有用，只要我们正确认识自己，不失自知之明，就能谱写出属于自己的人生华章。

认识自己虽非易事，但它是取得成功的前提，只要你用心，就一定可以做到。

保持一颗平常心

王侯将相亦凡人，就算你权可通天、富可敌国，所拥有也不过是些身外之物，因为这些东西既可以得到，也必将失去。每个人都是普通人，赤条条地来，赤条条地去，永远把自己当成普通人不仅是一种谦逊的做人态度，也是理所当然的做人准则。

奥里森·马登虽然主张每个人都要把自己当作人生最大的财富，但是他同样认为：人人生而平等。成功抑或失败，都不能代表人与人之间存在着什么本质上的等级差异。

的确，像普通人一样生活，才能为普通人所接受。

据说大科学家爱因斯坦着装和修饰极为简朴，日常生活不修边幅，以至于有一次去参加演讲时，负责接待工作的人员把他的司机当成他本人，而把他当成了司机。这虽是个笑话，但也反映了大科学家爱因斯坦不摆架子、低调做人的姿态。

爱因斯坦吃东西非常随便，外出时常坐二、三等车，推导和演算公式更是常利用写过的信纸的背面；并且，他还经常穿着凉鞋和运动衣登上大学讲坛，或出入上流社会的交际场合。有一次，总统接见他，看到他居然忘记穿袜子，但这并不影响他在总统和人民心目中的伟大形象。

初到纽约时，爱因斯坦常穿一件破旧的大衣，一位熟人劝他换件新的，爱因斯坦却十分坦然地说：“这又何必呢？在纽约，反正没有一个人认识我。”几年后，爱因斯坦已经成了无人不晓的大名人。一天，这位熟人又遇到了爱因斯坦，发现他还穿着那件旧大衣，便又劝他换件好的。谁知爱因斯坦却说：“这又何必呢？在纽约，反正大家都认识我。”

由此可见，真正的名声，是架子之外的口碑。架子是一种无聊的、骗人的东西，是一种追求个人荣耀的欲望，它的依据并不是人的品质、业绩和成就，而只是个人的存在及想博得别人的欣赏、尊敬和仰慕的一种愿望。因此，架子充其量不过是形同于一个轻浮的漂亮女人。真正有品质、业绩和成就的人，绝不会去刻意追求架子，事实上，刻意追求架子的人也不可能真正有所作为。

不要太把自己当回事，也不要把别人太不当回事，因为人人生而平等。现在经常有人这样感慨：“一个人要想活得自在，就不要太把自己当回事。”说得实在，也很有道理，一个人生活在世界上，难免有这样那样的烦恼，而这些烦恼的根源，往往是太把自己当回事。如果事事处处都太把自己“当回事”，认为自己不是普通人，在各种场合里，都只注重自己的感受，总想知道别人如何看待自己，那该有多累！身体累了，可以躺下来休息一下，让体力慢慢恢复，但如果你的心总是疲惫不堪，那后果就很严重了。

网络上曾流行这样一段话：“如果我是我，如果我真的是我，要有勇气做一个普通人。可我就是在对‘普通人’的逃避中，丢失了自我，丢失了本应该属于我的最可贵的东西。或者我还是个最普通不过的人，但是因为‘没有了感觉’，让我丢掉了享受普通人的幸福的能力，我在没有方向的追求中不仅更加地沉沦，而且积重难返，最终连普通人也不及了。”

这段话着实让人深思，做人就得这样，先要学会审视自己，承认自己是个普通人，承认自己有不如别人的地方，承认自己并不能做好所有事情，不论是在现实中还是在网络上，都以普通人自居，明白这个世界没了谁都一样存在，放下那些虚无缥缈却沉重的精神枷锁，你就会发现自己原来可以轻松愉快地活着。

成功激发自己的潜力

每个人的潜能都需要激发，而且这种被激发的潜能常常具有出人意料的力量。实际上，大多数人拥有潜藏的才能，必须要外界的东西予以激发，它一旦被激发并加以持续的关注和保护，就能发扬光大，否则就会萎缩甚至消失。

奥里森·马登的好友马歇尔的亲身经历，就是一个鲜明的例子。

马歇尔被父亲约翰·费尔德放在戴维斯的店里做招待员。有一天父亲问戴维斯：“戴维斯，近来我儿子生意方面学得怎样？”

戴维斯诚肯地答道：“约翰，我们是好朋友，我不想让你日后后悔，且我又是一个直爽的人，喜欢讲老实话。马歇尔是个诚实的年青人，但他即使在我店里学上1000年，也不会成为一个杰出的商人。他生来就不是个做商人的料。约翰，还是把他领回乡下去，教他学养牛吧！”

如果马歇尔依旧留在戴维斯的店里做个伙计，那么他以后决不会成为举世闻名的商人。可是他随后到了芝加哥，亲眼目睹了身边许多原来很贫穷的孩子做出了伟大的事业，他的志气突然被唤起了，他的心中也激起了要做大商人的决心。他问自己：“为什么别人能做出惊人的事业来，而我不能呢？”

其实，马歇尔具有做大商人的天赋，但戴维斯店铺里的环境没能激发他潜伏着的才能，无法发挥他潜藏着的能量。

爱迪生说过："我最需要的，就是有人叫我去做我力所能及的事情。去做我力所能及的事情，是激发我潜能的最好途径。拿破仑、林肯未必能做的事情，但我能做，只要尽我最大的努力，发挥我所具有的才能。"

在美国西部某市的法院里有一位法官，他在中年时还是个目不识丁的铁匠。他现在60岁了，却拥有了全城最大的图书馆，获得了很多读者的称誉，被人认为是学识渊博、为民谋福利的人。这位法官唯一的希望，是要帮助同胞们接受教育、获得知识，可是他自己并没有接受系统的教育，为何会树立这样的远大理想呢？原来他不过是偶然听了奥里森·马登一篇关于"教育之价值"的演讲。结果，这次演讲成功地唤醒了他潜伏着的才能，激发了他远大的抱负，从而使他做出了这番伟大的事业来。

然而在现实生活中，虽然所有人都具有无限的潜能，但是大多数人还是在默默无闻中度过了一生。是他们天生就是一个普通人的命运吗？答案是否定的。

我们都有这样的体会，在成长过程中，由于经常遭到外界太多的批评、打击和挫折，久而久之，我们身上原有的奋发向上的热情被压制，大胆开拓的思维被封杀，对人生之路惶恐不安，对碌碌无为习以为常，渐渐地，我们丧失了信心和勇气，养成了犹豫、狭隘、自卑以及不思进取、不敢拼搏的精神面貌，生命变得枯燥且毫无生气。这是我们自己的悲哀。

事实上，我们的志气和才能，与那些成功人士是一样的，最初的时候都是深藏潜伏在身体的某个角落里，只不过他们的幸运在于潜能得到了很好的激发，并且能持续地加以关注和培养，才造就了灿烂的人生。

所以说，要想获得成功，我们就必须尽早激发自己的潜能。无论在何种情况下，要不惜一切代价走入一种可能激发你潜能的氛围中，走入一种可能激发你走上自我发达之路的环境里。接近那些了解你、信任你、鼓励你的人，学习他们的志趣高雅，了解他们的远大抱负，这将会使你在不知不觉中受到感染。说不定哪一天，你就会发现，自己真的与普通人不一样了。如果你这样认为了，那么恭喜你，你的潜能已经被激活了，剩下的就是如何发扬光大，建功立业了。

自己的水要自己挑，自己的木材要自己去砍，同理，自己的潜能主要还是靠你自己去激发。

潜能的激发往往产生于不起眼的小事情，机会的到来常常由于意外的发现。行动激发潜能，仅有欲望不足以得胜，因此，我们要立刻行动，要自立自强，以自己的力量去激发属于自己的那一片沃土——潜能，往往会使你最热望的梦想也实现。

第二章

优秀的品质是成功的基础

优秀的品质孕育成功

做人处世要具备优秀的品质，因为这在很大程度上决定了我们是否成功。俗话说得好，“外在是内心世界的反映”，内心没有的东西就无法显露出来。内在有了，外在自然也就能表现出来了。一个人，只有心灵杰出，行为才能杰出；心灵美好，气质才会美好，所以，人的气质、能力甚至成功，在很大程度上是由内在的品质决定的。

奥里森·马登认为，一个具有优秀品质的人，在任何条件、环境下都会最终超越他的同类，外部环境只能使他追求成功的过程变长，但无法阻止他最终获得成功。成功源自于强烈的期盼，孕育于痛苦的挣扎，是寻找自我并最终超越自我的结果。人的地位可以卑微，但心灵必须高贵，品质必须优秀。有了高贵的心灵才会有优秀的品质，有了优秀的品质，我们才可能获得成功。

在美国佛罗里达州有一名杰出的青年叫杰克，这位青年不但事业上取得了巨大的成功，成为众多年轻人的楷模，同时对社会、对社区做出了许多贡献，受到了大众的敬重。为什么这样一位年青人会拥有如此优秀的品质并做出如此巨大的成就呢？这个话题一时在美国成了讨论的热点。

有位记者为此专程登门采访了杰克，杰克并没有讲述多少动人的伟大理念，而是小心翼翼地拿出了自己珍藏多年的一个精美小镜框，镜框中间镶着一条美丽的蓝丝带，他告诉记者，是这条蓝丝带一直激励着自己。同时，他向记者讲述了这条蓝丝带的故事：这条蓝丝带是杰克的父亲传给他的，父亲还是一个小伙子时，是一家小旅馆的服务生。一天傍晚，旅馆来了一对年迈的夫妇，可是旅馆早已客满，找不到任何一个空房间，小伙子想尽了一切办法还是没有找到一个空房间给这对年迈的夫妇，他很不忍心地把这个结果告诉了这对年迈的夫妇。看着这对夫妇无奈而失望的眼神，小伙子突然想起了什么，他对这对夫妇说："请等一等，让我再想想办法！"片刻之后他回来了，告诉他们已经找到了一间房子，请这对夫妇过去看看是否满意！老夫妇看到房间虽然很小，但很整洁，显然是刚收拾过的样子，非常满意！第二天早上，老夫妇到前台去结账付费时，却被告知无须付费，因为这间房间是小伙子用自己的宿舍临时改建的，而他自己却在沙发上度过了一夜。老夫妇听后非常感动，说什么都要酬谢这位可敬的小伙子，小伙子怎么都不肯接受。最后，老夫妇提出了一个折衷方案，给这个小伙子留下一根蓝色的小丝带作为纪念，以表彰他的真诚、爱心与付出。

几个月后，小伙子收到了一封来自美国乔治亚州的邀请信，邀请他出席一个重要会议。信是希尔顿饭店老板发出的——那对年迈的夫妇其实就是后来全美最著名的希尔顿饭店的老板，他们邀请这位可敬的小伙子去担任希尔顿饭店的首任CEO！

杰克告诉记者，这是父亲留给他最珍贵的礼物，是它——蓝丝带一直激励着自己不断付出，不断进取。

相信这个故事能给我们很多启示。事实上，杰克的父亲正是因为自己的优异品质从而获得了希尔顿饭店老板的青睐，得以担任希尔顿饭店的首任CEO，而杰克也正是从父亲那里继承了这样的优秀品质，才在自己的事业上取得了巨大的成功。可见，优秀的品质的确能孕育出巨大的成功！

无论何时何地，人们都喜欢结交具有优秀品质的人，也都会排斥品行恶劣的家伙。拥有美好品行的所有原则，都包含在这句话里：举止优雅招人喜爱，行为粗鲁令人厌恶。日常生活中，我们总是情不自禁地被一个乐善好施者所吸引——因为他总能对人寄予同情，给人安慰，并尽其所能帮人摆脱困境。另外，我们鄙视、唾弃另外一种人，他们时时处心积虑，想从你那儿得到什么，比如，他们会在公共汽车或音乐厅里左挤右扛，为的是能在别人前面找到最好的位子。无论在餐厅还是在旅馆，他们总是旁若无人，抢占位置，让别人在他们后面排队等候。

一种优秀的品质有时会给你带来最大的益处，比如，能使你在第一次见面时给人留下良好的印象，或者当你去接近一个多年就认识但关系泛泛的潜在顾客时，不表现出任何冒犯之意，不引起对方任何心理上的不快，而这本身就是一种极大的成就。更为重要的是，这会给你带来可观的收益。

当与一个具有优秀品质的人接触时，他会挖掘出你身上存在的许多潜能，让你拥有你以前想都不敢想的能力，你因此可以独自去说你从不敢说的话，去做你从不敢做的事。这时候，谁会说你没有感觉到自己的能力在飞速提高，自己的才智在慢慢增长，自己的优势在不断增强呢？演说家的激情往往来自于听众，而他又把这种激情反馈给听众，激起他们更高的热情。正是在双方的交流与融合中才产生了新的思想、新的力量。

奥里森·马登认为，成功最终属于具有优秀品质的人，这个观点不容置疑！那么，具体来讲，什么是优秀的品质？我们应该具有那些优秀的品质呢？奥里森·马登认为，一个想要成功的人必须具备的优秀品质有很多，但并不是每个人都能成为完人，我们可以从以下方面去努力完善和要求自己：

保持谦虚

最傲慢的人往往也是最无知的人。奥里森·马登认识一些国家的总统和首相，他发现，尽管他们身边的一些人可能表现得非常傲慢，但他们本人却从不这样。奥里森·马登由此得出一个结论：一个人越是有地位，就越会懂得谦虚，而这也越会赢得人们的尊重。

锻炼自己的口才

大多数成功者都能够清楚地表达出他们的想法和感受，从而有效地激励自己的团队。而要做到这一切，锻炼自己的口才是个不错的选择。长期坚持锻炼自己的口才，你也能成为优秀的人。

百分之百的诚信

诚信与成功之间的关系，犹如山与水之间的关系。山的厚重与坚韧象征着人与人之间的信任与依靠，诚信就是山一般的品质；水的流动与冲力象征着人对自己的生活采取灵活与坚持的生活态度，成功就是对水一般品质的报偿。诚信与勤奋是成功的基石，一个人，不管是想成为仁者还是智者，都需要处理好诚信与成功的关系。记住一句话："造物所忌者巧，万类相感以诚。"

学会良好的社交技巧

良好的社交技巧是社会交往必备的手段，掌握良好的社交技巧不仅能扩大我们的交际范围，更能让我们收获更好的交际效益，提升我们人际交往的规格。真诚对待别人、微笑、记住别人的名字、做一个好听众并鼓励别人谈谈他们自己、谈论别人感兴趣的话题、让别人感到自己的重要性……这些是最基本的交际技巧，我们必须掌握。

学会最得体的社交礼仪

社交礼仪，是指人们在人际交往过程中所具备的基本素质和交际能力等。社交在当今社会人际交往中发挥的作用越来越重要。通过社交，人们可以沟通心灵，建立深厚的友谊，取得支持与帮助；通过社交，人们可以互通信息，共享资源，对取得事业成功大有裨益。随着人们相互合作、相互交往的机会日趋增多，学会尊重自己、尊重他人，应对自如，凸显个人魅力，这对于我们的成功是非常重要的。

让自己打扮得最得体

这是展示自信和对别人表示尊敬的一种方式。你的衣着和饰品无须是名牌，但要与所在的环境尽量保持一致，同时还要不哗众取宠，给人温和、淡定较好。

多结交给人灵感并充满爱心的朋友

如果你周围总是些无聊、吝啬、冷酷的人，那么你也有可能变成这样的人。

修养比金钱更有价值

修养包含了四项内容：外表、声音、举止、言谈。这些很正常，但也是最基本彰显个人品质的要素。

总而言之，优秀的品质是一种内在魅力，这种魅力永恒持久，不易消逝，又让人难以拒绝。没有人会嗤笑具有这种魅力的人，因为他们焕发出的耀眼光芒，能消除所有偏见。

勇气使成功成为必然

有人说，人生成败，全系“勇”字，那么，你能否做到勇者无畏呢？

大凡成功的人，都是智勇双全的人。歌德说过：“你若失去了财富，你只失去了一点；你若失去了荣誉，你就失去了许多；你若失去了勇气，就把一切都失去了。”“智者不惑，勇者不惧，诚者有信，仁者无敌。”勇敢的人，是无所畏惧的。俗话说，“机不可失，时不再来”，只有勇敢的人才能抓住机遇，勇获成功。这也是奥里森·马登成功学着重强调的一点。

世界上许多伟大的成功者都属于敢想、敢做的人，而有些人虽然智力超群、才华横溢，但却因瞻前顾后、不知取舍而终无所获。我们常人听说，天才、运气、机会、智慧是成功的关键因素，但更多人之所以失败是因为有三件事没有做到位，即缺乏敢想的勇气，缺少敢做的能力，没有敢于承担成败的决心。成功是挑战自我的过程，对我们来说，需要有更大的胆量、更快的速度、更奇的招数才能脱颖而出，掌握先机。这就是说，敢想、敢做是我们必须遵循的成功法则。

敢想

敢想为成功扬帆起航，成功伴随敢想而来。敢想的人，头脑长在自己的肩上；敢想的人，从不钻牛角尖；敢想的人，随时都在追寻目标，准备前进。当然，敢想不是妄想，不是瞎想，不是空想。一个没有腿的人企图成为世界冠军，可能吗?

敢做

敢想还要敢做，十个想法不如一个行动。在走向成功的过程中，敢做倾向于一种谋略。能不能把一件事做成功，关键看使用什么方法和技巧，只要有正确的套路、明确的实施方案和清晰的目的，一切按计划运作，成功就指日可待。

勇气蕴含着巨大的力量，它是成功的重要因素。勇气的力量妙不可言，它能挖掘出人们想象不到的潜能。就像一个登山运动员到了一个没有退路的地方，这时的他有权选择放弃吗?根本没有！唯一能使自己生存的只有一条路——前进。我们都明白，一个人精神上获得的安慰比在物质上的享受更重要。尤其是在体育对抗中所显示出的力量，更出人意料，其实，这跟平常人们说的“越缩越冷”是一个道理，道理越勇猛地往前撞，勇敢地往前走，受到的伤害反而会越少，就像先有自信才能创造奇迹一样。需要注意的是，勇敢并不代表着轻率、鲁莽。

或许你认为凡事小心为好，但很多时候，正是因为想得太多，谨慎的太多，而变得不敢做得太多，失去的太多。过后，你才发现机会就像一条鱼，很滑，转瞬即逝，当它来时，你一把抓住了，它就是你的；否则，一转眼的工夫，就已从你身旁游过。所以，勇敢能使你得到很多，甚至让你一生受益。

生活中，真正的成功者不会把自己和周围的事物隔开，他们满怀热情地关注着生活，正像奥里森·马登所说的那样：“要热爱生活，感谢生活给予的赏赐，任何时候都不临阵逃脱，要尽力去超越自己，这样，你就会发现你的能力大大超出你的想象，你就会成为生活中的

‘冠军’。”

奥里森·马登成功学告诉人们，人生的紧要处就那么几步，比拼的不是财力、物力，而是勇气和胆量。最勇敢的人，是敢于披荆斩棘的人，也是无私无畏、不怕被钉在十字架上的人。同样，想吃到果仁，就必须先砸开坚壳，如果连坚壳都不能砸开，又何谈成功？其实，我们每个人都具备成功的潜质，只是还有很多人没有勇气前行，没有勇气迈出成功的第一步罢了。

冷静保证你稳步前行

冷静，是一种心态，也是一种素质、一种思想，更是一种境界、一种品行；冷静，是智慧的修养，更是理性、豁达的深刻感悟；冷静，会给你带来成功与高品质生活的享受，只有具备冷静性格的个人，才能遇事不乱，稳中取胜！这也就告诉我们，为人处事，先要冷静！做任何事情都要“先了解你要做什么，然后再去做”，这也就是说，万事应三思而后行。对行事容易草率的人来说，这是很有效的品质忠告，只有冷静处事，才能提升我们的办事效率，才更容易成功。

一位曾做过美国空军飞行员的老人说：“‘二战’期间，我单独执行F6战斗机的驾驶任务。头一次任务是轰炸、扫射东京湾。从航空母舰起飞后，我一直保持高空飞行，然后以俯冲的姿态滑至目的地300英尺上空执行任务。正当我以雷霆万钧的姿态俯冲时，飞机左翼被敌机击中，机身顿时翻转过来，并急速下坠。等我明白过来时，我发现海洋竟然在我的头顶。你知道是什么东西救了我吗？接受训练的期间，我的教官一再叮咛说，在紧急状况中要沉着应付，切勿轻举妄动。飞机下坠时，我就只记得这一句话，因此，我什么机器都没有乱动，我只是静静地等待把飞机拉起来的最佳时机和位置。最后，我幸运地脱险了。假如当时我顺着本能的求生反应，未待最佳时机就胡乱操作，必定会使飞机更快下坠，那么，等待我的就是葬身大海了。”

最后，这位飞行员再次强调说：“一直到现在，我还记得教官那句话：不要轻举妄动，自乱脚步；要冷静地思考，抓住最佳的反应时机。”

事实上，奥里森·马登也认为，一个人只有充分地相信自己，沉着冷静地对问题进行大胆的探索与构想，才能将化腐朽为神奇，把不可能变为可能。

保持冷静的头脑，不仅有助于我们克服和阻止急躁性格的弱点缠绕自身，并且还能帮助我们将急躁“冷却”下去，沉着思考和面对问题。只有先冷静下来，才能遇事不慌乱，轻松地解决很多难题。

奥里森·马登的著作中讲过这么一件事情：

住在新墨西哥州阿布魁克市的泰德·考丝太太，好几年前曾为财务问题烦恼不已。她多病的母亲住在布鲁克林，为了雇人照顾母亲的起居，她背上了沉重的经济负担。

为了摆脱这一不利局面，考丝太太一时不知该如何做决定：“我取来一些纸张，然后开始分析。”考丝太太描述道，“我先让自己冷静下来，然后把母亲的收入——如有价证券、叔父给她的补助等一一列出来，然后再列出所有的开支。没多久，我便发现母亲在衣、食方面的花费极少，但那栋拥有十一各房间的住所却得花一大笔钱来维持——每月电费就得二三十块钱。再加上各种杂项开支和税金，还有保险费等，为数十分可观。当我见到这些白纸黑字的证据，便知道事情该如何处理了——那栋房子必须解决掉。

“从另一方面来看，母亲的身体越来越坏，我担心这时移动她可能不太妥当。她一直希望能在那栋房子里度过余生，我也想尽可能成全她的愿望。于是. 我去拜访了一位医师朋友，请他给我一些意见。这位医师认识一个经营私人疗养院的女人，而她所在的地方离我们住的地方只有三分钟路程……”

这件事的处理结果，对每个人都十分理想：考丝太太摆脱了难题，母亲也受到了极好的照顾。

虽然说在许多情况下，立即行动是必要的，但一个人能否成大事的比例，往往视其对问题“诊断”的正确度而定。有些人一遇到些棘手的事，就开始抓耳挠腮，甚至狂躁发怒，结果自然不会好了。相反，有些人却能临危不乱，沉着冷静地应对一切危机。这是成功者与失败者的性格界限之一，狂躁的性格常能使人毁于一旦。在通常的情况下，大部分人能控制自己的性格，也能做出正确的决定，但当事态紧急时，他们就自乱脚步，无法把持自己。

科学研究表明，“冷静状态”能使那些由于过度紧张、兴奋引起的脑细胞功能紊乱得以恢复正常。你若处于惊慌失措、心烦意乱的状态，就别指望能理性思考问题，因为任何恐慌都会使歪曲的事实和虚构的想象乘隙而入，使你无法根据实际情况做出正确的判断；当你平静下来，再看看那些不幸和烦恼，你也许会觉得它实际上并没有什么大不了。正视自己和现实，你就会发现，所有的恐怖与烦恼只是你的感觉和想象，并不一定是事实的全部，实际情形往往比你的想象好得多。有很多所谓的困境往往来源于自身，因此对自己和现实有一个全面、正确的认识，是保持情绪稳定的前提。当你处于困境，被暴怒、恐惧、嫉妒、怨恨等失常情绪所包围时，不仅要压制它们，更重要的是千万不可感情用事，随意做出决定，要多想想别人能渡过难关，我为什么不能冷静应变，调动自己的巨大潜能去应付突变呢?

心情舒畅是冷静应变的前提，也是它的结果。但在不幸和烦恼面前，怎样才能使身心舒畅呢?奥里森·马登认为，行之有效的办法，就是认真地从事自己的本职工作，培养广泛的业余爱好，暂时忘却一切，尽情享受娱乐的快感；多给人们以真诚的爱和关心，用赞赏的心情和善意的言行对待身边的人和事，你会得到同样的回报；宽恕，能帮助我们弥合心灵的创伤，因此，要学会宽恕那些曾经伤害过你的人，别对过去的事耿耿于怀；相信自己的情感，千万不要言不由衷、行不由己，任何勉强、压抑和扭曲自己情感的做法，都只能加剧自己的苦恼。

在人生旅途中，挫折与逆境是难以避免的，但只要学会冷静，那么，就会有所收获。以冷静面对社会，有利于人的反思，把逆境化顺境；以冷静面对生活，有利于苦与乐的洗炼，可以享受美好的人生；以冷静面对他人，有利于善与恶的辨认，可以亲君子远小人；以冷静面对名利，有利于陶冶情操；以冷静面对坎坷，有利于磨炼意志。冷静，能使人变得大度、理智、聪明和愉悦，冷静是处世的诀窍，是打开成功大门的一把金钥匙，那么，让我们从现在开始，学着拥有这把钥匙吧!

诚信是成功的助推器

诚信是人的基本道德品质之一。一个诚信的人首先是一个真诚待己的人，也是一个敢于面对自我真实面目的人，他能全面客观地审视自我，既不妄自尊大、自欺欺人，也不会妄自菲薄、自我贬低。俗话说“知己知彼，百战不殆”，对自己的情况了然于心，就已经成功了一半，因为只有那些全面把握自己优点和缺点的人，才能真正了解自我成功的可能性和局限性，既不会因为他人的赞誉或阿谀奉承忘乎所以，也不会因为别人的否定或自己的一次失败就气馁。这样的人，往往会在别人惊奇的目光中从小成功走向大成功。这就是诚信所具有的特殊人格力量。拥有诚信品质的人总能看到他人看不到的事实，总能达到别人达不到的高度。可见，具备了诚信的品质，也相当于把成功握在手中。

奥里森·马登认为，成功人士不可缺少的一个重要品质，就是诚信！一个人很难靠孤军奋斗获得成功。因此，获得他人的帮助、支持和理解，是成功路上的必然经历。而具备诚信品质的人，能最大限度地得到别人的帮助。从这一意义上说，诚信是走向成功的必要条件。事实上，很多闻名世界、取得卓越成功的人，关键的因素就在于诚信。

1835年，摩根成为伊特纳火灾保险公司的股东。不久，有一家在该公司接受保险业务的企业发生了火灾，如果按照保险规定，完全付清赔偿金，伊特纳保险公司就会破产，因此股东们纷纷要求退股。

按照规章制度，摩根也可以要求退股，但他认为信誉比金钱重要。于是，他四处筹款，甚至卖掉了自己的房产，低价收购了所有要求退股的股份，然后将赔偿金如数返还给投保的客户。

这无疑是一种高效率广告，一时间，伊特纳火灾保险公司声名大振，很少有人不知道这家公司的。

几近身无分文的摩根就这样成了这家保险公司的“法人”。可是保险公司已面临破产，难以为继，无奈之中，他打出了一则广告：“凡是再参加伊特纳火灾保险公司的客户，保险金一律加倍收取。”不料客户却蜂拥而至，伊特纳火灾保险公司也从此崛起。

由此可见，诚信的力量不可估量！

“诚”是指诚实，“信”是指守信，合起来诚实正直，言而有信。诚是信的基础与前提，只有诚信于心，才能言行一致。自古以来，无论是在西方社会还是在东方社会，诚信都被当作美德加以推崇，诚实守信的人总能优先赢得别人的赞赏或认可。所以说，诚信能为个体在社会中获得成功奠定坚实的基础。

奥里森·马登认为，作为一个单独的个体，我们不必去崇拜别人的成功，也不用去畏惧自己的失败，只要保持内心的真诚，我们就能最大程度地把握自己的命运。

诚信能使你在与人交往中，展现出巨大的人格魅力。先师孔子一贯主张人与人之间的交往要遵守诚信的原则。他说：“人而无信，不知其可也。”意思是说，人生在世，总要与别人交往，那么就不可避免地有一个取信于人的问题，而要取信于人，就要真心诚意、表里如一，毫无矫揉造作地待人处世。那种“逢人只讲三分话，不可全抛一片心”的人生哲学，只能拉大与别人的心理距离，难以得到别人的理解和帮助。

另外，守信是人格确立的重要途径，也是人与人之间交往得以继续的前提。没有人愿意与不讲信用的人交往，哪怕你只欺骗别人一次，就很可能永远失去了对方的信任，更谈不上他对你的帮助。当人们知道你不可靠时，你的机会就消失殆尽了。客户不会喜欢与一个经常行骗的人做生意；领导不会放心把一项重要的工作交给不值得信赖的人；朋友也不愿意与一个虚伪的人相处……尽管你有满腔成功的热望和满腹的才华，一旦失去了别人的信赖，就再也没有施展才华的机会了。

奥里森·马登曾经在多个场合提醒青年人：若要成功，就该把创造信誉作为自己生命里最重要的事情，不断地向别人证明你是一个可靠的人、一个值得信赖的人。人们只有相信了你，才会去相信你的观点、思想或产品。一个人坚守诚信的品格，就会赢得更多的朋友、更多的合作者，以及更多施展自己才华的机会。

那么，我们怎样做，才算得上是诚信呢？

首先，要做到真诚，不能做表面功夫。即使说话表情和技巧很好，但内心不诚，至多只能是“巧言令色”罢了，对方只要糊涂，定会看穿你的虚伪，人家还会信任你吗？相反，内心真诚，即使拙于辞令、拙于表情，却能因体现出真实感情而让人感动。

其次，与人交往切不可用欺骗手段。欺骗也许能得一时之利，却不能维持长久。如果你有过欺骗行为，即使你某一次真的很有诚意，仍会被认为是另一种姿态的虚伪。生活中也有这类情况，你以诚相待，对方却以“诡”回报，于是，你便对诚信的效用发生了怀疑。其实，真诚的力量是绝对的，之所以会产生例外，是由于你的真诚不足以打动对方的心，因此，你要“反求诸己”，不必“求之于人”，这是用真诚打动人的唯一原则。

要想使自己成为一个真诚的人，首先要从小事做起，当你坚持总在小事上真诚时，真诚就会成为一种习惯。

看起来似乎很微不足道，但是当你真正体会到真诚的真谛并且开始将它随身携带时，它本身的力量就会使你着迷。最终，你会明白，几乎任何一件有价值的事，都包含有它本身不容违背的真诚内涵，如果你追求它并且发现了它的真谛，你就一定能进一步完善自己。

若你平时没有树立讲诚信的好品格，到关键时刻，你的话就引不起足够的重视。诚信是一种长期投资，持久地坚持这个原则，会给你带来丰厚的收益。

总之，想成功就要先做个讲诚信的人，因为诚信是成功的助推器。

宽容是最优秀的品质

关于宽容，奥里森·马登有非常精辟的论述，他说："迁怒别人只能给自己的人际交往带来障碍，对排除困难没有好处。受到伤害的人必须有时间处理自己的愤怒，认清自己对整个事件所负的责任，以及拒绝宽恕会带来的后果。而学会宽容，一切问题都会自动解决！"

事实上，宽容不仅是爱心的体现，还是思想境界的极致升华，是一种博大高尚的境界。表面上看，它只是一种放弃报复的决定，这种观点似乎有些消极，但真正的宽容，是一种需要巨大精神力量支持的积极行为。宽容还是一种必不可少的优秀品质，一种正确的自我意识的体现。一个人只有正确地认识自己，才会有宽容的胸怀。

托尔斯泰虽然出身贵族，却喜欢和平民百姓在一起，与他们交朋友，从不摆大作家的架子。

一次，他在长途旅行中路过一个小火车站，他想到站台上走走，便趁停车间隙下了车。这时，一列客车正要开动，汽笛已经拉响了。忽然，一位女士从列车车窗冲托尔斯泰直喊："老头儿！老头儿！快到候车室把我的手提包取来，我忘记提过来了！"

原来，这位女士见托尔斯泰衣着简朴，还沾了不少灰尘，把他当作车站的搬运工了。

托尔斯泰急忙跑进候车室拿来提包，递给了这位女士。

女士感激地说：“谢谢啦！”随手递给托尔斯泰一枚硬币，“这是赏给你的。”

托尔斯泰接过硬币，瞧了瞧，装进了口袋。

正巧，女士身边有个旅客认出了这位风尘仆仆的“搬运工”就是那位大作家，就大声对女士喊道：“太太，您知道您赏钱给谁了吗？他就是列夫·托尔斯泰呀！”

“啊！老天爷！”女士惊呼起来，“我这是在干什么事呀？！”她对托尔斯泰急切地解释道，“托尔斯泰先生！托尔斯泰先生！看在上帝的份儿上，请别计较！请把硬币还给我吧，我怎么会给您小费，多不好意思！我这是干出什么事来啦。”

“太太，您干吗这么激动？”托尔斯泰平静地说，“您又没做什么坏事！这个硬币是我挣来的，我得收下。”

汽笛再次长鸣，列车缓缓开动，带走了那位惶惑不安的女士。

托尔斯泰微笑着，目送列车远去，依然继续他的旅行了。

很明显，在托尔斯泰这里，宽容是一种至高无上的精神品质。

在现实生活中，我们会遭遇很多困难与挫折，如果想真正很好地处理这些，消解心里对别人的仇恨，我们就必须要先学会宽容。有一位成功的商人在总结一生的成功经验时，只说了一句话：“严于律己，宽以待人。”由此可见，宽容也是事业成功的保障。

美国第三任总统杰斐逊与第二任总统亚当斯从交恶到和解，就是一个生动的例子。杰斐逊在就任前夕到白宫，想告诉亚当斯，他希望针锋相对的竞选活动并没有破坏他们之间的友情，但杰斐逊还未来得及开口，亚当斯就咆哮起来："是你把我赶走的！"二人的友情自此破裂，中止交往达11年之久。直到后来杰斐逊的几个邻居去探访亚当斯，这个倔强的老人仍在诉说那件难堪的往事，但接着，他脱口而出："我一向都喜欢杰斐逊，现在仍然喜欢他。"邻居把这话传给了杰斐逊。杰斐逊也不计前嫌，主动请了一位彼此皆熟的朋友传话，告诉亚当斯他的真实心理。后来，亚当斯回了一封信给他，两人从此开始了美国历史上也许是最伟大的书信往来。

与这两位总统一样，美国历史上另外一位著名的总统林肯，也是一个非常宽容的人，他的宽容为他赢得了非常好的人缘和支持率。

在竞选总统前夕的参议院演说中，林肯遭到一个参议员的羞辱，那参议员说："林肯先生，在你开始演讲之前，我希望你记住自己是个鞋匠的儿子。"

"我非常感谢你使我记起了我的父亲，他已经过世了，我一定会记住你的忠告，我知道我做总统无法像我父亲做鞋匠那样做得好……"那位参议员无言以对，林肯继续说道，"据我所知，我的父亲以前也为你的家人做过鞋子，如果你的鞋子不合脚，我可以帮你改正它。虽然我不是伟大的鞋匠，但我从小就跟我的父亲学会了做鞋子的技术。"

然后，他又对所有的参议员说："对参议院的任何人都一样，如果你们穿的那双鞋是我父亲做的，而它们需要修理或改善，我一定尽可能地帮忙。但有一点可以肯定，我父亲的手艺是无人能比的。"

说到这里，所有的嘲笑化作了真诚的掌声。

有人批评林肯总统对待政敌的宽容态度："你为什么试图让他们变成朋友呢？你应该想办法打击他们、消灭他们才对。"

"我们难道不是在消灭政敌吗？当我们成为朋友时，政敌就不存在了。"林肯总统温和地说。

林肯两度被选为美国总统。今天，在以林肯名字命名的纪念馆的墙壁上，还刻着这样的一段话：“对任何人不怀恶意；对一切人宽大仁爱；坚持正义，因为上帝使我们懂得正义；让我们继续努力去完成我们正在从事的事业；包扎我们国家的伤口。”

从某种意义上讲，宽容不是对原则问题的让步，而是对他人一些非原则性的缺点和过失的一种谅解。林肯很好地意识到了宽容的本质，在他看来，宽容是解决问题的手段和技巧。

林肯的做法可以给我们带来很多启示。可能有人认为，宽容看起来是一件很矛盾的事，但细想一下，如果不能宽容，那就只能陷入冤冤相报的恶性循环，最后你与对方均会受伤害。同时，不肯宽容别人的人往往会使自己吃苦，他们会因此产生身体不适，甚至还会引心理疾病。然而一旦宽容别人之后，他们就会超越一次巨大的挫折，进行一种可以称为再生的心灵净化过程。当然，受到伤害的人必须花时间处理自己的愤怒，认清楚自己对整个事件所负的责任，以及拒绝宽恕会带来的后果，然后宽容才能发挥最好的功效。

6

意志力让你永不放弃

意志力是指人们为达到既定目的而自觉努力的程度。人的意志力表现过程中会受到兴趣、情绪、情感的影响。由于生活经历、文化素养、道德修养、思想方法和价值观念诸方面存在差异从而导致了人对某一事物所持的态度、行为的不同。奥里森·马登这样说："从某种意义上说，意志力通常是指我们全部的精神生活，而正是这种精神生活在引导着我们行为的方方面面。"

要成功，必须有坚强不屈的意志。奥里森·马登认为，没有意志力的人永远不会拥抱成功。因为，人的意志力的力量是无穷的，一切困难它都可以克服，不论需要多长的时间，付出多大的代价，无坚不摧的意志力都能帮助人达到自己的目的。

有一天，某个农夫的一头驴子不小心掉进一口枯井里，农夫绞尽脑汁想办法要救出驴子。但几个小时过去了，驴子还在井里痛苦地哀嚎着。

最后，这位农夫决定放弃，他想，这头驴子年纪大了，不值得大费周章救它出来，不过无论如何，这口井还是得填起来。于是农夫便请来左邻右舍帮忙一起将井中的驴子埋了，以免除它的痛苦。

农夫的邻居们人手一把铲子，开始将泥土铲进枯井中。当这头驴子了解到自己的处境时，刚开始嚎叫得很凄惨。但出人意料的是，一会儿之后，这头驴子就安静下来了。农夫好奇地探头往井底一看，出现在眼前的景象令他大吃一惊：当铲进井里的泥土落在驴子背部时，驴子的反应令人称奇——它将泥土抖落在一旁，然后站到泥土堆上面！

就这样，驴子将大家铲倒在它身上的泥土全数抖落在井底，然后再站上去。很快地，这只驴子便得意地上升到井口，然后在众人惊讶的表情中快步地跑开了！

这个名字很好地概括了这个小故事最本质的意义：驴子凭借自己对生命的渴望、凭借自己的生存意志，解救了自己。可见，意志力是一种伟大的求生力量，更是一种卓越的生命品质。事实上，就如驴子这样，在生命的旅程中，有时候我们难免会陷入“枯井”里，会有各式各样的“泥沙”倾倒在我们身上，而想要从这些“枯井”脱困的秘诀，就是凭借顽强的意志，将身上的“泥沙”抖落掉，然后站到上面去！

相信，一头驴都能做到的努力，我们更能做到。

意志力是一种非常神奇的力量，看不着、摸不着，却能在我们最需要的时候爆发，给我们巨大的力量，帮助我们战胜困难！

能控制自己意志力的人，会具有推动社会的伟大力量。这种巨大的力量可以帮你实现期待，达到目标。如果一个人的意志力像钻石一样坚固，并以这种意志力引导自己奋力向前，那么，一切困难都会迎刃而解。

史蒂芬·霍金是当代享有盛誉的杰出人物之一，被称为在世的最伟大的科学家，当今的爱因斯坦。他在统一20世纪物理学的两大基础理论——爱因斯坦的相对论和普朗克的量子论方面，走出了重要一步。1989年，霍金获得英国爵士荣誉称号，此外，他还是英国皇家学会学员和美国科学院外籍院士。霍金的魅力不仅在于他是一个充满传奇色彩的物理天才，还因为他是一个令人折服的生活强者。他不断求索的科学精神和勇敢顽强的人格力量，深深地吸引着每一个知道他的人。

霍金出生于1942年1月8日，曾先后毕业于牛津大学和剑桥大学三一学院，并获剑桥大学哲学博士学位。在大学学习后期，他开始患上“肌肉萎缩性脊髓侧索硬化症”（运动神经疾病），半身不遂，他克服身患残疾的种种困难，于1965年进入剑桥大学冈维尔和凯厄斯学院任研究员。这个时期，他在研究宇宙起源问题上，创立了宇宙之始是“无限密度的一点”的著名理论。1969年起，他开始任冈维尔和凯厄斯学院科高级研究员。1972—1975年，霍金先后在剑桥大学天文研究所、应用数学和理论物理学部进行研究工作，1975—1977年，任重力物理学高级讲师，1977—1979年任教授，1979年起，任卢卡斯讲座数学教授。其间，1974年当选为皇家学会最年轻的会员，1974—1975年，为美国加利福尼亚理工学院费尔柴尔德讲座功勋学者，1978年获世界理论物理研究最高奖——爱因斯坦奖。霍金的成名始于对黑洞的研究成果，在爱因斯坦之后融合了20世纪另一个伟大理论——量子理论，他认为，宇宙是有限的，但无法找到边际，这如同地球表面有限但无法找到边际一样；时间也是有开始的，始于150亿～200亿年前。1988年，他获得了沃尔夫物理学奖。

1985年，霍金丧失语言能力，表达思想唯一的工具是一台电脑声音合成器，他用仅能活动的几个手指操纵一个特制的鼠标器在电脑屏幕上选择字母、单词来造句，然后通过电脑播放声音。通常制造一个句子要五六分钟，为了合成一个小时的录音演讲，他要准备10天。1988年，霍金写成科普著作《时间简史》，至1995年10月，该书发行量已超过2500万册，并译成几十种语言。

霍金的成功得益于他顽强的意志，没有顽强的生命意志，他成就不了如此传奇且伟大的人生。作为局外人，从霍金的经历中，我们也能感受到坚强意志的神奇效应。

那么，我们应该如何培养自己的意志力呢?

奥里森·马登指出，坚强的意志不是一夜间突然产生的，它是在逐渐积累的过程中一步步地形成的，中间还会不可避免地遇到挫折和失败，因此，只有找出使自己斗志涣散的原因，才能有针对性地解决。

当然，磨炼意志也有最简单的方法。早在1915年，心理学家博伊德·巴雷特曾经提出一套锻炼意志的方法，其中包括从椅子上起身和坐下30次，把一盒火柴全部倒出来，然后一根一根地装回盒子里。他认为，这些练习可以增强意志力，以便日后去面对更严重、更困难的挑战。巴雷特的具体建议似乎有些过时，但他的思路却给人以启发。例如，你可以事先安排星期天上午要干的事情，并下决心不办好就不吃午饭；你可以计划用一个星期的业余时间读完一本书，读不完就不睡觉；你可以坚持每天早晨6点钟准时起床，如果有一次做不到就在炎炎的烈日下罚站自己30分钟或者围绕楼栋跑10圈；等等。实践证明，每一次成功都将会使意志力进一步增强，如果你以顽强的意志克服了一种不良习惯，就能获取战胜另一种不良习惯的信心。

谦虚是成功的奠基石

人生有限，精力有限，这就注定了学贯古今、识穷天下，对任何一个人来讲都毫无实现之可能，也就是说，每一个人都存在无知和不足，那么，虚心、不自满就应该成为人们的一种共同心态，即人人都应懂得谦虚。

谦虚是一种美德，是成功的基石，是成功者持续成功的保障。而谦虚，也能衡量出一个人的品格高下。有些人，做一点好事、取得一点成绩，就像母鸡下蛋一样，大嚷大叫，唯恐别人不知道；然而，也有些人，即便取得了惊人的成就也不声不响，像登山队员那样，登上一座山峰，又会朝更高的山峰攀登。

奥里森·马登在其著作中明确指出，我们只有学会谦虚，才能取得更大的进步和更大的成功。自古以来这一真理已被无数名人证明。

有一天，苏格拉底的弟子聚在一起聊天，一个出身富有的学生对其他同学夸耀说，他家在雅典城附近有一片很大很大的庄园。

苏格拉底在一旁不动声色地拿出了一张地图，对这个学生说："麻烦你指给我看，亚细亚在哪里？"

"这一大片都是。"学生说。

"很好，那么，希腊在哪里？"

学生好不容易在地图上找出一小块地方来，但和亚细亚相比，这块地方实在是小多了。

“雅典在哪里？”

学生指着一个小点说：“好像是在这儿。”

“现在，请你指一下你那块很大很大的庄园。”

学生满头大汗，他的庄园在地图上连个影子都没有。

苏格拉底不但才华横溢、著作等身，而且广招门生、奖掖后进，他习惯于运用著名的启发谈话启迪青年人的智慧。每当人们赞叹他的学识渊博、智慧超群时，他总谦逊地说：“我唯一知道的就是我自己的无知。”

被人们称颂为“力学之父”的牛顿，发现了万有引力定律，在热学上，他确定了冷却定律，在数学上，他提出了“流数法”，建立了二项定理，和莱布尼兹几乎同时创立了微积分学，开辟了数学上的一个新纪元。然而，这位有多方面成就的伟大科学家却非常谦逊。对于自己的成功，他谦虚地说：“如果我看见的比别人要远一点，那是因为我站在了巨人的肩上。”他还对人说：“我像一个在海滨玩耍的小孩子，为不时发现比寻常更为光滑的一块卵石或比寻常更美的一片贝壳而沾沾自喜，但对于展现在我面前的浩瀚的真理的海洋，却全然没有发现。”

扬名于世的音乐大师贝多芬，谦虚地说自己“只学会了几个音符”。

科学巨匠爱因斯坦说自己“真像小孩一样幼稚”。

法国化学家安德烈在取得巨大的科研成就后，当选为英国皇家学会会员，欧文斯学院专门为他设立了有机化学新教授的职位，格拉斯大学选他为名誉博士，这许多荣誉丝毫没有改变他谦虚的品格。安德烈逝世后，英国皇家学会在悼文中称他“是世界上最谦虚的人”。

美国伟大的物理学家富兰克林，一生勤于创造发明，赢得过不下一百个学位和头衔；但他的墓碑上，却刻着他生前为自己撰写的几个简单文字：印刷工富兰克林之墓。

克雷洛夫是俄国18世纪伟大的寓言作家，他的寓言写得既多又好。有一次，一位朋友夸赞说：“你的书写得真好，一版销完又印一版，比谁的都印得多。”克雷洛夫却这样回答：“不，不是我的书写得好，是因为我的书是给孩子们读的，谁都知道，孩子们容易弄坏书，所以版次多一些。”

如果大多数人们认识不到自己的无知和不足，或者是认识到了但仍然故步自封、自以为是，谦虚便显得弥足珍贵。由于各种各样的原因，自人类进入文明社会以来，谦虚的人总是少一些，自大的人总是多一些，所以，谦虚就成了人类社会的一种传统美德，永不过时。不过，要做到谦虚并不是一件很容易的事，需要有大智慧。

做到谦虚的前提是自知，要知己所知、知己所不知、知己所长、知己所短，因为唯有自知之后方能虚心、不自满。不能自知是愚昧，自知却不愿意加以完善和提高，则是自弃。谦虚更深的含义，是知己无知后不耻下问处处努力学习；知己不足后精益求精积极改进，这就需要正确地看待自己、尊重自己，正确地看待他人、尊重他人，如此，才能坦然承认自己的无知和不足，而不会不懂装懂、自取其辱，更能发现他人的长处和优点，得到他人真诚的帮助。

内心固执己见、自命不凡，在人前却刻意做出一副很虚心的样子，这不是谦虚，而是虚伪；总是自惭自责、自怨自艾，对自己全无一点信心，遇事处处逃避，这不是谦虚，是自卑。

做一个谦虚的人，就要保持一颗平静的心，无论是身居高位还是地位普通，无论是名家巨匠还是初学少年，闻道有先后、术业有专攻，尺有所短、寸有所长，没有任何一个人能在各方面都超过别人。

做一个谦虚的人，就要保持一颗坦荡的心，既不因自身的长处而骄傲、不因自身的短处而气馁，也不因别人的优点而妒忌、不因别人的不足而嘲笑，十全十美的人在世间从来不曾出现过。

做一个谦虚的人，就要保持一颗进取的心，知识的海洋浩瀚无边，也许穷尽毕生精力只能掬起一朵浪花，但在不断自我超越的过程中，人生会变得更加充实，自身价值会不断得到提升。

谦虚，不仅仅是一种优秀的品格，更是一种推动人类共同进步的伟大力量。

责任感帮助我们成功

责任感是一个人能够立足于社会、获得事业成功与家庭幸福至关重要的人格品质。奥里森·马登认为："一个人若是没有热情，他将一事无成，而热情的基点正是责任感。"一位成功的企业家也曾说过，一个人必须有责任感，不管你做什么，做一天就得做好一天，这种责任感会在以后的路上给你很大的帮助。

奥里森·马登还指出，保持自己的责任感是一个人最起码的品质。一个人的责任感体现在许多方面。比如，自己能独立判断、选择并接受其相应的后果，不怨天尤人；做事善始善终、注重效果，而不敷衍了事、马虎草率；不推卸自己对社会、家庭及他人的责任；做事不可以自我为中心，心中要有他人；等等。

责任感是最能把我们的潜在能量激发出来的东西。从来没有承担过责任的人，是决不会有任何作为的。有许多工作多年的人，却一直处在十分卑微、受人管束的地位，他们之所以处于这样的地位，是因为他们从来不敢或不愿承担重大责任，这就无法激发他们潜藏着的内在力量，于是。

从本质上说，责任是一种与生俱来的使命，是对自己所负使命的忠诚和信守，是人性的升华。当一个人虔诚地对待工作和生活时，他必然能感受到责任所带来的力量，只有那些勇于承担责任的人，才能出色地完成工作，才有可能被赋予更多的使命，而一个缺乏责任感的人，首先失去的是社会对他的基本认可，其次失去的是别人的信任和尊重，最终，他将失去自身的信誉和尊严。

在波涛汹涌的大海上，一艘轮船不幸失事。大副带着幸存的9名水手跳上了救生艇，在海面上漫无目标地漂流。10天过去了，大家依然看不到一丝获救的希望。大副守护着仅存的半壶水，不许那9个人碰一下——有水就有活下去的希冀，没有了水，大家都难以撑下去。大副是救生艇上唯一带枪的人，他用枪口对着那9个随时都有可能疯狂地冲上来抢水的水手，任凭他们对着自己咒骂咆哮。

在这9个人当中，最凶悍的是一个秃顶的家伙。他把双眼眯成一道缝，威胁地盯着大副，用他那沙哑的破嗓子吼道："你为什么还不认输？你无法坚持下去了！"说着，他猛地蹿上来，伸手去抢壶。大副毫不客气地用枪对准了他的胸膛。秃顶叹一口气，乖乖地坐下了。

为了保护这半壶维系着生命希冀的淡水，大副已两天两夜没有合眼了。他告诉自己一定要挺住，否则，秃顶他们会用鲁莽的举动亲手把所有落难者推进死亡的深渊。然而，干渴和困倦折磨得他再也撑不下去了，他握枪的手一点点软下去，软下去……情急之中，他居然把枪塞给了离他最近的秃顶，断断续续地说："请你……接替我。"然后就脸朝下跌进了船舱。

十多个小时过去了，黎明时分，大副醒了过来，他听到耳畔有个沙哑的声音说："来，喝口水。"———是秃顶！

只见秃顶一只手拿着水壶，另一只手稳稳地握住枪，对着其余8个越发疯狂的水手。看到大副满脸疑惑，秃顶略显局促地说："你说过，让我接替你，对吗？"

9个人，半壶水，他们在大海上又漂流了三天两夜后，终于获救了。

是什么挽救了这9个人的生命？我们可以毫不犹豫地说：“是责任感！”是大副的责任感，是秃顶的责任感。试想一下，如果大副不敢承担保护那半壶水的责任，如果秃顶不能接受大副交付给他的责任，那么船上会发生什么状况？他们还能活着走出那一片茫茫的大海吗？不能！这时候，责任感是伟大的！它的力量更伟大！

奥里森·马登认为，应付困难和创造事业需要独立进取的性格，而这种性格只有在重大的责任重担下才会被激发出来。在我们每个人的身体里都潜伏着巨大的能力，能否会被释放出来完全取决于你对所处的环境的强大责任感。没有这种责任感，即使有再大的雄心壮志，你的斗志也未必会被激发出来。

承担责任需要有广阔的胸怀，在很多时候，承担责任等同于承担风险，有时甚至要蒙受委屈，此外，承担责任还需要有顾全大局的“弃我”精神做支撑，还要有承担责任的勇气和能力。

君子敏于行，讷于言，少说多干，讲求实效，把责任看得重于泰山，以大无畏的精神承担责任，履行责任，这才是做人的根本。

没有责任感我们很难取得伟大的成功。所以说，做一个勇于承担责任的人吧，如果你是一个正在期待成功的人！

进取心创造成功机遇

奥里森·马登曾经招聘了一个年轻小姐当自己的助手，她的工作就是听马登口述，然后记录内容，及专门替他阅读、分类回复他的大部分私人信件。马登给她的报酬和其他从事类似工作的人大体相同。

一次，奥里森·马登口述了一句格言，并让她用打字机打下来。这句格言是："注意，你唯一的限制就是在你的脑海中为自己所设立的那个限制。"然而，令马登没有想到的是，当那位小姐拿着打好的纸张交给他时，她说："你的格言很有价值，它使我产生了一个想法。"

这件事并没有引起奥里森·马登的足够重视，但是自从那天起，那位小姐每天用完晚餐后都会回到办公室，做一些本不是她分内的、没有任何报酬的工作。并且她开始把写好的回信送到奥里森·马登的办公桌。她已经把马登回信的风格研究得非常清楚了，每封信都回复得和马登一样好，有时甚至比奥里森·马登自己写得更好。后来，马登的私人秘书因故不得不辞掉工作，马登在考虑找一个人来替补秘书职位时，本能地想起了那位年轻的助手。事实上，在马登还没有给予她这个职位之前，她就已接收了这个职位——她在自己的额外时间且没有任何报酬的情况下对自己加以训练，终于使自己具备了出任马登的资格，这就是那句格言的作用。

更有趣的情形还在后面，那位年轻小姐的办事效率实在太高，不可避免地被其他一些人注意，他们都愿意为她提供更好的职位并且附带特别高的薪水，这使得马登不得不提高她的薪水，此时，那位年轻小姐的薪水已是她初来时的四倍。马登只能这样做，因为这位小姐的身价已不同于以往，最重要的是她使自己对奥里森·马登的价值增大了，失去她这个助手将会是他的一大损失。

探究这位小姐成功的原因，就是她自身所具有的那种强烈的进取心，这使她的薪水一次次提高，同时还给她带来了莫大的好处：正因为她自身已经具备了进取心，才使她所做的一切工作都不是命令驱使下的被动行为，而是积极主动的行为。所以她工作时不会有那种被动的、不得已的感觉，而是一种非常愉悦的感觉，她的工作已不是原来意义上的工作了，而是成为一个极为有趣的游戏，她充满兴致地去玩。

不管你从事着哪一个行业，每天都应该使自己获得一个机会，使自己能够在本职工作之外，做一些对别人有意义的事。在你主动做这些事时，一定要明白，你的目的并不是为了获得金钱，而是想获得更加强烈的进取心，因为它是使你在选择终身事业中有所建树的一种优良品德。

贝斯和盖斯勒曾经是费城一家电视公司的制作人，他们发现录影片比影片本身具有更好的市场适应性，虽然他们并非一流的制作专家，但还是决定合伙组建自己的公司。

于是他们开始了自己的事业生涯。由于他们无法制作一流的节目，便决定提供一些其他有价值的服务，如提供最好的设备和空间给其他制作公司使用。虽然他们很早就进入这一行，但仍然面临激烈的竞争，为了扩大市场占有率，他们不惜冒风险与可能没有付款能力的人签约，一段时间后，他们发现效果不错。

贝斯和盖斯勒没有满足于眼前的业绩，而是积极进取，进一步寻找新的利润增长点。他们知道，他们的客户同样必须满足自己的客户，因而除了提供设备和空间之外，他们还提供一些最新技术，以帮助他们的客户解决难题。盖斯勒在接受奥里森·马登的《成功》杂志采访时说："我们告诉客户他们可能想都没有想到的技术，他们得到好评，而我们得到付款。"

贝斯和盖斯勒的公司主营业务是制作表演节目，除此之外，他们还为录影技术人员提供培训讲座，为一些公司，像IBM、花旗银行等提供公司内部通信服务，也就是为位于纽约、洛杉矶等不同城市的人员连线，以便他们召开电视会议。

贝斯和盖斯勒并非是最先洞察到视讯系统在未来市场上会拥有一片天空的人，但由于他们采取行动、制订计划、承担风险，以及提供他人没有提供的服务的进取心，使得他们开创了一个新兴行业，并由此获得了巨大成功。

艾美是一家公司的营销企划人员，她发现该公司视为失败的一项产品——白雪洗发液，是一种价格低廉且不含添加剂的洗发液，这种洗发液没有华丽的包装，但却能吸引很在意价格的消费者。于是，她决定再次为"白雪"全力以赴，并将市场开拓计划书呈递给管理层，告诉他们"白雪"的价值所在。最后，经理接受了她的提议，而"白雪"也成为该公司销售得最好的洗发液。由于"白雪"销售成功，艾美成为该公司一家子公司的负责人。后来，她又研创了一系列新的护发产品，并积极开拓市场，这些产品最后也都获得了巨大的成功。

积极的进取心使艾美获得认同、进步和选择工作的机会。如今，艾美已成为布瑞尔集团的执行副总裁，该集团所从事的正是市场行销服务，她不断地以她的个人进取心为公司引进更多更好的产品，所以她的成功与她的不懈追求是分不开的。哈佛商业学校为她颁发“马克思和柯恩卓越零售奖学金”，而《美金和意识》杂志则称赞她为“前100名商业职业妇女”之一。

通过这些事例，我们不难发现，个人进取心的确是获取成功的最重要的品质之一。

第三章

让目标达到沸点

梦想是成功者的行囊

有一个人生充满失败的人对奥里森·马登吹嘘说，他只对自己一个错误不感到后悔，那就是建造空中楼阁。

奥里森·马登指出，这个人之所以终生充满失败，就是因为他没有在年轻的时候练就本领，没有花费力气为自己的“楼阁”打好基础，而并不是他有建造空中楼阁的梦想。

现实生活中，有些人非常蔑视做梦的人，喜欢贬低建造“空中楼阁”的行为。可事实上，人类历史上所有重要的成就，几乎都是做出这些成就的人先在脑海之中有一个空想的目标。

奥里森·马登指出，如果你有一个梦想并且正在努力给予这个梦想以坚实的基础，那么，你所走的路就一定是有意义的。

奥里森·马登还在《奋力向前》一书中这样写道：一个人，他可以一无所有，但不能没有梦想；一个人若想成功，首先要明确自己最爱的是什么，最渴望的是什么，梦想做什么。谁也不能没有远大梦想便干成大事。梦想是一切成就的驱动器。正是这一品质将成功者与苦干家、个性威严者和生性懦弱者区别开来。这辈子干什么、成为什么样的人、取得什么成就，在很大程度上取决于你的梦想。

的确，梦想是最伟大的目标，梦想不高远，你的人生目标也不会伟大，你的人生舞台更不会宽广。当然，光有梦想还不够，还要通过实干去实现梦想，但无论怎么说，梦想都是成功的第一步。

有两位年轻人，一个叫柏波罗，一个叫布鲁诺，他们是堂兄弟，都是不甘于贫穷的人。他们住在新泽西的一个大村子里。

弟兄二人常常谈论着在某一天通过某种方式，让自己成为村里最富有的人。他们都很聪明而且勤奋，他们所需要的只是机会。

有一天，机会来了。村里决定要雇两个人把附近河里的水运到村广场的蓄水池里去。村长把这份工作交给了柏波罗和布鲁诺。

两个人各抓起两只水桶奔向河边，开始了他们辛勤的工作。当一天结束时，他们把村广场的蓄水池装满了。村长按每桶水一分钱的价格付钱给他们。

“我们的梦想终于实现了！”布鲁诺大喊着，“我简直不敢相信我们的好运气。”

但柏波罗却不这样想，他认为这并不算是梦想的实现，只能说是梦想的一个契机。他的背又酸又痛，提过水桶的手也起了泡。他害怕每天早上起来都要去做同样的工作，于是他发誓，要想出更好的办法来将河里的水运到村里来。

“布鲁诺，我有一个计划，”第二天早上，当他们抓起水桶去河边时，柏波罗说道，“一桶水才一分钱，却要这样辛苦地来回提水，我们不如修一条管道，将水从河里引进村里来吧。”

布鲁诺愣住了：“一条管道？谁听说过这样的事？柏波罗，我们拥有一份很棒的工作。我一天可以提100桶水，一天就是一元钱！我已经是富人了！一个星期后，我就可以买双新鞋。一个月后，我就可以买一头牛。半年后，我还可以盖一间新房子。我们有全镇最好的工作，这辈子都不用愁了！放弃你的管道幻想吧。”

柏波罗不是一个容易气馁的人，他耐心地向布鲁诺解释这个计划，可惜的是，这并不能改变布鲁诺的想法。于是柏波罗决定，即使自己一个人也要实现这个计划。于是，他将白天的一部分时间用来提水，用另一部分时间以及周末来建造他的管道。他知道，要在像岩石般坚硬的土壤中挖出一条管道是很艰难的事。因为他的薪酬是根据运水的桶数来支付的所以他知道开始的，自己的收入会下降。他更知道，也许要等上一两年，甚至更多的时间，他的管道才能产生可观的效益。但是他依然坚信，只要自己能够坚持下去，他的梦想一定会实现。

不久，布鲁诺和其他村民就开始嘲笑柏波罗，称他为“管道建造者柏波罗”。布鲁诺挣到的钱比柏波罗多一倍，并常向柏波罗炫耀他新买的东西：他买了一头毛驴，配上全新的皮鞍，拴在他新盖的两层楼旁；他还买了亮闪闪的新衣服，在饭馆里吃着可口的食物；村民尊敬地称他为布鲁诺先生；他常坐在酒吧里，掏钱请大家喝酒，而人们则为他所讲的笑话高声大笑。

当布鲁诺在吊床上悠然自得地享受夜晚和周末时光时，柏波罗却还在继续挖他的管道。头几个月，柏波罗的努力没有多大进展。但柏波罗不断地提醒自己，实现明天的梦想是建立在今天的牺牲上的。一天一天过去了，他继续挖着……

“短期的痛苦会带来长期的回报。”每天的工作完成后，筋疲力尽的柏波罗跌跌撞撞地回到他那简陋的小屋时，总是这样提醒自己，告诉自己这是在为梦想而努力。他通过设定每天的目标来衡量自己的工作成效。他这样一直坚持着，因为他知道，终有一天，回报将大超过此时的付出。

随着时间的推移柏波罗继续建造着自己的建造管道，终于，完工的日期越来越近了。

而此时，布鲁诺还在费力地运水。布鲁诺的背驮得更厉害了，由于长期的劳累，步伐也开始变慢了。他在吊床上的时间减少了，却花更多的时间泡在酒吧里。当布鲁诺进门时，酒吧的老顾客们都窃窃私语："提桶人布鲁诺来了。"当镇上的醉汉模仿布鲁诺弓腰驮背的姿势和他拖着脚走路的样子时，所有人都大笑。布鲁诺不再请大家喝酒了，也不再讲笑话了。他宁愿独自坐在漆黑的角落里，被一堆空酒瓶包围着，他已经没有了梦想，也没有了生活的动力。

柏波罗的重大时刻终于来了——管道完工了！村民们簇拥到广场上，看着水从管道中流到水槽里！

管道一完工，柏波罗就再也不用提水了。无论他是否工作，水都一直源源不断地流入村里。而随着流入村子里的水越多，流入柏波罗口袋里的钱也就越多。

这个故事被誉为是美国版的"愚公移山"。在为故事里的那份坚持拍手叫好的同时，也难免感慨，我们许多人缺乏远见。现实生活中，大多数人处在"提桶"的世界里，只有一小部分人敢做建造管道的梦。你是提桶者还是管道建造者？这其中，梦想起了重要的作用

梦想是支撑我们自身追求的一种精神力量，也是我们日益进取的动力源泉。对于任何一个想要成功的人来说，拥有梦想都是迈向成功的第一步。且不说拿破仑的那句旷世名言："不想当将军的士兵不是好士兵！"就说我们平日常见的那句广告词："心有多大，舞台就有多大！"也激励了芸芸众生。

然而，很多人一生碌碌无为，究其原因，答案在于是否拥有梦想？拥有梦想之后是否付诸实践？梦想不同于空想，真正的梦想，无论大小、无论高下，最终都一定要用成果来兑现，否则最多只是一个令人遗

憾的、对这个世界没有任何意义的愿望表达，甚至只是一通大话而已。

拥有梦想，然后拥有勇于实践，你会发现这个美丽的世界里有很多是我们可以拥有的。请相信，我们有实现自己梦想的权利，也有实现自己梦想的能力。

如何制定合适的目标

哥伦布在探险时，每天的航海日志末尾都会写同样的话：“今天我们继续前进！”这句话看似平凡，其实却豪放无比，其中蕴含着伟大的目标和决心。

英国首相丘吉尔最后一次演讲是在一所大学的结业典礼上，这次演讲大约只持续了两分钟，在这两分钟内，他只讲了两句话：“坚持到底，永不放弃！坚持到底，永不放弃！”而就是这两分钟、两句话，却成为历史上最有名的演讲之一。

有一位老太太，70岁时开始学习登山，她不怕年事已高，不畏登山艰难，奋勇前行，终于在95岁高龄时登上了日本的富士山，并打破了登上富士山的最高年龄纪录，她就是胡达·克鲁斯老太太。

看，目标的力量如此之神奇！

奥里森·马登认为，一个人想要必须把所有才能集中在一个绝不动摇的目标上，还要有那种不成功、便成仁的坚韧决心。

有了目标也就有了人生追求的高度，有了追求，成功也就不再遥远了。每个人都应该有一个能够让自己信服且为之奋斗的目标，这个目标并不一定是个确定的值，而是自己设定的在将来的某个时间点要达到的成就。

对现状来说，目标总是很遥远。但是如果你懂得如何看待，它便不再可怕，而会成为你奋斗的发动机及人生导航。当你明确了你的人生目标，还要懂得将它分解，这样，你就不会天天想着那个离你遥远的目标而沮丧，而一步步从离你最近的那个目标开始，就像游戏过关一样，一关一关地去过，随着时间的推移，实现你的人生目标一定是水到渠成。当你明确了人生目标，你便找到了人生的主流，也就找到了奋斗的方向，同时会明白：什么事情是重要的，什么事情是不重要的；什么样的知识是你必须掌握的，什么样的知识你不掌握也没关系。

那么，应该如何制定目标呢？奥里森·马登认为，无论制定任何目标，首先要确定的是：我想制定的这个目标是否真的能现实？也就说，制定一个现实的目标非常重要，这是最终走向成功的根本保障。很多人之所以失败，实际上是注定的——因为他们的目标首先是不现实的。如果希望保证目标是现实的，那么，你就要尊重现实、遵守常识。

在制定目标之前，我们该做什么？

首先，评估自己的长处和短处

我们每个人都有自己独特的技能、天赋和能力。在当今分工非常细的市场经济社会里，大多数人都是擅长于某一领域，而不是样样精通。根据个人情况，请先列个表，把自己喜欢做的事情长处写下来。同样，通过列表，你可以找出自己不是很喜欢做的事情和弱项。找出你的短处与发现你的长处同等重要，因为你可以基于自己的长处和短处做出选择：努力提高长处，充分发挥你的优势；放弃那些你不擅长的、对技能要求很高的职业，因为这样做无疑是给自己制造苦难。

其次，找出自己的职业机会和威胁

我们知道，不同的行业（包括这些行业里不同的公司）都面临着不同的外部机会和威胁，而找出这些外界因素将助你成功地找到一份适合自己的工作。这对你求职是非常重要的，因为这些机会和威胁会影响你的职业发展。如果公司处于常受到外界不利因素影响的行业里，很自然，这个公司能提供的职业机会是很少的，而且没有职业升迁的机会。相反，充满许多积极的外界因素的行业，将为求职者提供更广阔的职业前景。为自己列出感兴趣的一两个行业（比如保健、金融服务或电信），然后认真地评估这些行业所面临的机会和威胁，你就能明确自己如何选择了。

如何制定适合自己的目标?

首先，目标要切实可行

制定一个切实可行的目标非常重要，这是你最终可能成功的根本保障。不现实的目标非常可怕，只会让你好高骛远，到最后竹篮打水一场空。举个不太恰当的例子，我们常常看到有些人宣称："我要一个月内减肥减掉20斤！"可是这样的目标基本上是不现实的。你可以节食一个月，甚至依靠减肥药去消除食欲，然后确实一个月内减掉了20斤，但这是无效的，因为任何人都做不到常年节食。过不了多久就会坚持不下去了，然后开始体重反弹，最终，曾经制定的目标不仅没有达成，甚至可能会出现比原先还差的情况。

其次，目标必须是可衡量的

目标必须是能量化的，可测定的，这样才能循序渐进。同时，设定目标时要量力而行，给自己树立一个贴合实际的总目标，然后，再树立分目标，因为分目标容易实现，这就能提高你的自信心，增加你战胜困难的勇气。

再次，目标要具体

用一块磁石接近一些铁屑，你会看到好些铁屑立刻就会被吸附过来，当你把磁铁从这个定点移开，磁力就随着距离和方向的偏差而退减。一块磁石绝不可能向两个不同的方向发散磁力，而必须是对准一个确定的目标。

同理，目标必须明确而具体。从一开始，目标就应是一幅清晰、简明、有待追求的画面。当那幅画面不断扩大，或发展到使人着魔的程度时，就会被人的潜意识接受。从那一刻起，我们会身不由己地被牵扯着、引导着，为实现心底的那幅画面而努力不已。这就是我们所说的：明确的目标是成功的基础。如果你制定的目标确实是现实的，那么成功就有了一定的保障。

最后，把目标写下来

把自己已经确定好的、确定是现实的且已相当具体的目标写下来，是很重要的一件事情。千万不要以为自己知道就可以了。每个人都有不同程度的惰性——这是由人类基因所决定的，甚至不是大脑可以控制的。我们的惰性几乎可能以任何形式发作，所以必须让目标变得醒目，以便随时提醒自己。

拥有明确的主导目标

奥里森·马登认为，实现目标并没有多少秘诀，但如果真要找个诀窍的话，那就是拥有一个明确的主导目标——一个居高临下、势在必行的最高原则。一个人要想成功，首先要制定一个明确的主导目标，这个目标统领着其他的目标，要求你绝对地承认和执行，不能出现任何的不服从。有了主导目标之后，可以再根据情况制定分期目标，一步步走好每一段路，向主导目标迈进。这样，成功就不是一件很难的事情了。

比赛尔是西撒哈拉沙漠中的一颗明珠，每年有数以万计的旅游者来这儿游玩。可是在肯·莱文发现它之前，这里只是一个封闭而落后的地方。这儿的人没有一个走出过大漠，据说不是他们不愿离开这块贫瘠的土地，而是尝试过很多次都没有走出去。

肯·莱文当然不相信这种说法。他用手语向这儿的人问原因，结果每个人的回答都一样：从这儿无论向哪个方向走，最后都会转回出发的地方。为了证实这种说法，肯·莱文做了一次试验，从比塞尔村向北走，结果三天半就走了出来。

比塞尔人为什么走不出来呢？肯·莱文非常纳闷，最后他雇了一个比塞尔人带路，看看到底是什么原因？他们带了半个月的水，牵了两只骆驼，肯·莱文收起指南针等现代设备，只拄着一根木棍跟在后面。

十天过去了，他们走了大约八百英里的路程，第十一天早晨，他们果然又回到了比塞尔。这一次，肯·莱文终于明白了，比塞尔人之所以走不出大漠，是因为他们根本就不认识北斗星。在一望无际的沙漠里，一个人如果凭着感觉往前走，他往往会走出许多大小不一的圆圈，最后的足迹十有八九是一把卷尺的形状。比塞尔村处在浩瀚的沙漠中间，方圆上千公里没有一点参照物，若不认识北斗星又没有指南针，想走出沙漠，确实是不可能的。

肯·莱文再次离开比塞尔时，带了一位叫阿古特尔的青年，就是他之前的向导。他告诉这位青年，只要你白天休息，夜晚朝着北面那颗星走，就能走出沙漠。阿古特尔照着去做，三天之后果然走到了大漠边缘。阿古特尔因此成为比塞尔的开拓者，他的铜像被竖在小城的中央，铜像的底座上刻着一行字：新生活是从选定方向开始的。

就像比赛尔当地的人们不知道北斗星，所以才走不出沙漠一样，如果我们的人生没有明确的主导目标，便只能永远站在原地转圈，只有设定了明确的目标，我们的人生旅程才会清晰、不盲目，我们才不会虚度光阴。

心理学家曾经做过这样一个实验他：组织了三组人，让他们分别向着10公里以外的三个村子进发。

第一组的人既不知道村庄的名字，也不知道路程有多远，只被告知跟着向导走就行了。刚走出两三公里，就开始有人叫苦；走到一半的时候，有人几乎愤怒了，他们大声地抱怨为什么要走这么远，何时才能走到头，有人甚至坐在路边不愿走了；越往后，他们的情绪就越低落。

第二组的人知道村庄的名字和路程，但路边没有里程碑，只能凭经验来估计行程的时间和距离。走到一半的时候，大多数人想知道已经走了多远，比较有经验的人说："大概走了一半的路程。"于是，大家又簇拥着继续往前走。当走到全程的四分之三时，大家情绪开始低落，觉得疲惫不堪，而路程似乎还有很长。当有人说"快到了"时，大家才又振作起来，加快了行进的步伐。

第三组的人不仅知道村子的名字、路程，而且公路旁每一公里都有一块里程碑，人们边走边看里程碑，每缩短一公里大家便有一个小惊喜。行进中他们用歌声和笑声来消除疲劳，情绪一直很高涨，所以很快就到达了目的地。

故事的最后，心理学家得出了这样的结论：当人们的行动有了明确的目标，并能把行动与目标不断地加以对照，进而清楚地知道自己的行进速度与目标之间的距离，人们行动的动机就会得到维持和加强，就会自觉地克服一切困难，努力到达目标。

正像奥里森·马登所说的那样，积极而明确的主导目标所带来的力量将会彻底地改变一个懒惰无能、胸无大志、游手好闲、一无是处的人。就好像他身体内的某种神圣力量开始起了作用一样。这种力量就像爱情，可以把一个不修边幅、性格粗暴的人变成一个整洁的、温柔的、非凡的人。

当一个明确而又坚定的主导目标在一个人体内苏醒时，这个人就会焕然一新，就会创造出奇迹，不信，你试试！

让你的目标达到沸点

俗话说，不怕事难干，就怕心不专，不能始终如一地坚持下去。有目标也有实现目标的实力，不等于你就能实现目标。如果你不能专心致“志”，用钻木取火的精神使你的目标达到沸点，那么，任何目标都不可能成功实现。

奥里森·马登在其著作中做过一个形象的比喻：要使水变为蒸汽，一定要把水烧到华氏212度。200度的温度下，水不能化为蒸汽，再加热到华氏210度，仍然不能。而只有到了212度，才能发出蒸汽来，这样才能推动机器，使火车获得前进的动力。温水是不能推动任何东西的。很多人想用微温的水或将沸的水来推动火车，但结果让他们感到很惊奇，火车老是停着不动。正如温水不能推动火车一样，如果用冷淡散漫的态度对待，也肯定不会实现目标，因此每个人不但要有适合自己的目标，还应该具有专注的精神，使自己的目标趋于坚定。如果没有这种精神，就像永远达不到沸点的水一样，不可能推动奔向目的地的“火车”。

作为一个成功学大师，奥里森·马登认识很多看起来在事业上积极进取的人，但他发现，在某一天，他们就会因为别的事情而放弃自己的事业。他们总是在想自己是否找到了正确的位置或自己的能力在哪里才能得到最大的发挥。他们缺乏专注精神，一旦遇到困难就会失去信心，或者一听到其他人在别的行业取得成功时，就会思考知道自己在那一个行业是不是也会做的很好。如果一个人失去了对目标的专注，总是轻而易举地放弃目标，那么可以肯定，这个人很难真正找到属于自己的位置。

1744年8月1日，拉马克生于法国毕加底，他是兄弟姊妹11人中最小的一个，最受父母宠爱。拉马克的父亲希望他长大后当个牧师，就送他到神学院读书。后来德法战争爆发，拉马克当了兵。因病退伍后，他爱上了气象学，想自学当个气象学家，于是整天仰首遥望着多变的天空。

后来，拉马克在银行里找了份工作，他又想当个金融家。可很快，拉马克又爱上了音乐，整天拉小提琴，想成为一个音乐家。这时，他的一位哥哥劝他当医生，拉马克又去学了四年医学，可他对医学没有多大兴趣。正在这时，24岁的拉马克在植物园散步时遇上了法国著名的思想家、哲学家、文学家卢梭，卢梭很喜欢拉马克，常带他到自己的研究室里去。在那里这位“朝三暮四”的青年深深地被科学迷住了。从此，拉马克花了整整11年的时间，系统地研究了植物学，写出了名著《法国植物志》。35岁时，拉马克当上了法国植物标本馆的管理员。

拉马克50岁时，开始研究动物学。此后，他为动物学花费了35年时间。拉马克从24岁起，用26年时间研究植物学，又用35年时间研究动物学，最终成了一位著名的生物学家——最早提出生物进化论。

由拉马克的经历，我们不难看出专心与坚持的重要性。目标就是如此，如果你的目标不专或不能坚持，又谈何实现呢?

奥里森·马登指出，很多人往往不缺少宏图壮志，而缺少的是始终如一的专注和勇于坚持的决心。认准一件事情，坚持下去，永不言弃，你就会有意想不到的收获。当然，坚持理想也不能盲目进行，可按以下步骤进行：

步骤一，告诉自己，一定要实现目标。当制定好目标以后，一定要自信，要树立全神贯注的信念。唯有专注于自己的目标，并切实去做，才能实现目标。很多经验证明，对目标的自信是迈向成功的第一步。

步骤二，要做最好的准备。凡事做好准备是实现目标的重要因素。因为准备充分，所以你才会信心十足，才会有机会战胜对手。

步骤三，重心放在你最大的长处上。有大成就的人，都知道把精力放在最擅长的地方。当你集中精神在你表现最好的事情上时，你会觉得信心增强许多。

步骤四，从错误和失败中吸取教训。唯一避免犯错误的方法，是什么都不做，有些错误确实会造成严重影响，但是没有错误、没有失败，就无法成就伟大事业。聪明的人会从失败中吸取教训，而愚者一再失败，却难能从其中获得教训。

步骤五，放弃逃避的念头方能产生信心。缺乏信心的人终日与恐怖结伴为邻，自我肯定的机会也就很渺茫了。有一句名言说得好：现实中的恐惧，远比不上想象中的恐惧那么可怕。大多数人在遇到困难时，大都考虑事物本身的困难程度，如此便产生了恐怖感，但为你着手解决时，就会发现事情其实比想象中要容易且顺利得多。

步骤六，要确实遵守自己为目标所订下的约束。这是实现目标的一个重要步骤，也是所有步骤中最简单且最具效果的。这里所说的约束，泛指你的工作、经济、健康等方面的各种问题。当你自己做了某种程度的约束后，再去遵守它时，你会发现由实践中会产生自我信赖，这种自我信赖是你开始坦然面对自己的实证，此时，实现目标的信心当然也会随之而来，随着时间的推移，根深蒂固地成为你的勇气与力量。

总而言之，实现目标贵在专注与坚持。谁能始终如一地专注，坚持到底，谁就能实现目标。在无边无际的沙漠中，只有坚持的人，才能找到绿洲，进而获得生机。“为山九仞，功亏一篑”，成功路上有险滩、有风浪，但请记住：成功是专注与坚持的结晶，无论那虚掩的成功之门有多远，坚持就是胜利！

不为自己找任何借口

奥里森·马登在研究了大量成功者的案例之后发现，具有成功素质的人，从不会寻找任何借口来推脱责任。他们努力工作，从不自怨自艾，始终为了实现自己的目标奋力向前，他们不会等待机会完成目标，而是积极地为自己创造机会。那些成天找借口的人，认为自己之所以无法实现目标，是因为缺乏机会，这事实上暴露了他们最大的一个弱点——缺乏效率。

那些失败者总是为自己找借口，如果你去问问他们失败的原因，他们总是会说，自己不具备别人那样的机会，没有人愿意帮助他，也没有人能推他一把，机会已经被别人抢光了……

奥里森·马登指出，总在为自己找借口的人永远没有机会，即使有，他也把握不住，更别提实现目标了。

在西点军队，学员遇到军官问话，只能有四种回答：

报告长官，是！

报告长官，不是！

报告长官，没有任何借口！

报告长官，我不知道！

除了这四个“标准答案”之外，如果有任何额外的字句，长官便会立刻又问："你的四个回答是什么？"这个时候新学员也只能回答"'报告长官，是''报告长官，不是''报告长官，没有任何借口''报告长官，我不知道'"，除此之外，不能多说一个字。

学员可能会觉得这个制度不尽公平。例如，学长问："你的皮鞋这样算擦亮了吗？"你当然希望为自己辩解，脑中浮现出"报告学长，排队的时候有位同学不小心撞到了我。"但是你不能这样说。

西点这样训练学员的讲话习惯，不只是为他们个人，更重要的是因为学员的成功或失败，决定于他们是否完全了解长官所下达的命令和要求。听完所有的简报、讲解，做过该做的练习之后，接下来的责任完全落在学员身上。上级派学员去做一件事，是期望他圆满完成任务，这才是重点所在。表现不达到十全十美，是没有任何借口的。

在有限的时间内要实现自己的目标，我们就没有时间为做不好的事情找借口，没有时间文过饰非。

西点的训练让学员明白，长官只要结果，而不是要为什么没有完成任务的解释，这是为了让每一位学员都能懂得：失误是没有任何借口的。

在走访了多家大企业之后，奥里森·马登发现，那些效率不高的员工总是有很多借口。上班迟到了，会有"路上堵车""手表停了"或者"家务事太多"的借口；销量不及格，会有"产品太偏""质量不好""广告太少"的借口；工作没有完成会有借口，工作落后了也会有借口。诚然，只要细心去找，借口总会有的。但这些能让你走向成功吗？

那些喜欢发牢骚、抱怨的人，曾经也都有过不错的目标甚至梦想，却始终无法实现，为什么呢？因为他们总是在为自己找借口，以至于没有时间去服从或执行，而成功者不善于也不需要编造任何借口，因为他们能为自己的行为和目标负责，也能承受自己努力后的成果。

借口总是在人们的耳旁窃窃私语，告诉自己因为某原因而不能做某事，久而久之，我们甚至会潜意识地认为这是“理智的声音”。假如你也有此类情况，那么请你做一个实验，每当你使用“理由”一词时，请用“借口”来替代它，也许你会发现自己再也无法心安理得了。

一个人在面临挑战时，总会为自己未能实现某种目标找出无数个理由，但正确的做法是，像西点学员一样，抛弃所有的借口，找出解决问题的方法。

西点学员们并不见得有超凡的能力，但却有超凡的心态，他们能够积极主动地抓住并创造机遇，而不是一遇到困难就逃避退缩，为自己寻找借口。

出身于西点的布莱德雷将军（西点23届学员）说：“习惯性拖延的人常常也是制造诸多借口与托辞的专家。如果你存心拖延、逃避，你自己就会找出成千上万个理由来辩解为什么不能够把事情完成。”

事实上，把事情“太困难、太无头绪、太麻烦、太花费时间”等种种理由合理化，确实要比相信“只要我们足够努力、勤奋，就能完成任何事”的信念要容易得多，但如果你经常为自己找借口，离目标得实现会越来越远，这对你整个人生也会产生毁灭性的影响。

如果你常常发现，自己会为没做或没完成的某些事而制造借口与托辞，或想出成百上千个理由为事情未能照计划实施而辩白、解释，那么，你最好是假设把自己放在军队中，想一想找借口会给自己带来什么样的后果。

目标须靠行动去实现

虽然有了明确的目标，但你不可能奢求他人帮助你实现，记住你自己的木材还得你自己来砍，你自己喝的水一定要你自己来挑，同样，你自己确定的目标也必须由你自己付诸行动。

奥里森·马登的成功学深刻地揭示出“化目标为成功”的必然性和可能性，它也同样告诉你所必须采取的具体步骤。

行动是成功之母。你可以界定你的人生目标，并认真制定各个时期的目标，但如果你不行动，还是会一事无成。

小王计划去欧洲旅游。为此，他制订了十分详细的旅行计划，花了几个月的时间来阅读自己所能找到的有关欧洲各国的各种材料——法国、德国、意大利等国家的历史、地理、哲学、文化、艺术……

他还研究了整个欧洲的地图，仔细研读了一些旅游指南，并为此准备了旅行的必需品，制定了详细的日程表，而且也预订了最早开往英国的船票。

总之，可以说是万事俱备只欠东风了。大约一个月后，也就是小王预定回国的日子，一天他在大街上碰到一位要好的朋友。

朋友问：“欧洲旅游有何观感？”

小王一脸尴尬地回答：“哎呀，我压根儿就没去！”

然后，他还说了一通自我解嘲似的这原因、那原因。

朋友听完后笑了笑，转身走了……

试想，如果有什么事业，朋友还敢和他合作吗？因为事实上，与其说他是一个思想者，还不如他是一个只知空想的人。因此，必须要牢记：没有行动的人只是在做白日梦。

冥思苦想，谋划如何有所成就，是好事情，但这并不能代替行动和实践。目标实现的过程是循序渐进的，没有经过许多曲折而成功的例子几乎没有。当我们“迂回前进”时，并没有改变原来的目标，只是选择另一条道路而已，目的地是不变的。

规定一个固定的日期，一定要在这个日期之前把你要求的事情做好——没有时间表，你的船永远不会“泊岸”。

拟定一个实现目标的可行计划，马上行动——你要习惯“行动”，不能够再耽于“空想”，要“现在就做”！

在你的有生之年，当“现在就做”的提示从你的潜意识中闪现出来时，你要做的，就是立刻投人以适当的行动，这是一种能使你成功的良好习惯。

行动，是事业成功的有效途径，它影响着我们的日常生活及事业的每个方面，它可以让你迅速完成应做的但不喜欢做的事，它能使你在面对不愉快的问题时，不至拖延，也能帮助你做你想做的事，更能帮助你抓住那些宝贵的、一经失去便永远追不回的时机。

深受奥里森·马登影响的另一位成功学大师拿破仑·希尔，在将目标变为现实这方面，为我们做出了良好榜样。

1908年，年轻的希尔在田纳西州一家杂志社工作，同时又在上大学。由于他在工作上的杰出表现，被杂志社派去访问伟大的钢铁制造家安德鲁·卡内基。卡内基十分欣赏这位积极向上、精力充沛、有闯劲、有毅力、理智与感情相平衡的年轻人，他对希尔说："我向你挑战，我要你用20年的时间，专门用在研究美国人的成功哲学上，然后提出一个答案。但除了写介绍信为你引荐这些人，我不会对你做出任何经济支持，你肯接受吗？"年轻的希尔信任自己的直觉，勇敢地承诺道："我接受！"数年后，希尔在他的一次演讲中说："试想，全国最富有的人要我为他工作20年而不给我一丁点薪酬。如果是你，你会对这建议说YES还是NO？如果识'时务'者，面对这样一个'荒谬'的建议，肯定会推辞的，可我没有这样干。"

卡内基对希尔的挑战中包括了明确的目标——研究美国人的成功哲学，以及达到目标时限——20年。长谈之后，在卡内基的引荐下，希尔遍访当时美国最富有的500多位杰出人物，对他们的成功之道进行了长期研究，1928年，他完成并出版了专著《成功定律》一书。《成功定律》这本书震撼了全世界，激发了千千万万的人发财或成名的理想。

立刻行动吧！制定目标，将其变为现实，你就会发现，你离成功越来越近。

目标不要太过于完美

我们的生活中总是存在很多烦恼、无奈与不公，但是很多人又在不停地追求完美的目标，希望以此得到幸福。其实仔细琢磨，幸福与完美并没有本质的关系，很多时候，完美甚至会是阻碍我们幸福的绊脚石。

奥里森·马登曾为自己的学生讲述过这样一个寓言：

一个圆的一部分圆弧被切去了，它希望自己是一个完美的圆，因此就四处寻找它遗失的那一部分，但因为它不是一个完整的圆，所以只能慢慢滚动，由此它得以欣赏沿途花草的芬芳、阳光的明媚，并与蚯蚓娓娓而谈。

途中，它也发现了许多圆遗失的部分，但没有一片能与自己相匹配，因此它不得不继续寻找。有一天，圆找到了自己遗失的那部分，与自己相配得天衣无缝。它高兴极了，因为它又成了完美的圆。它又开始飞快地滚动，快得连花都看不清楚，更不用说与蚯蚓谈话了。它发现在快速滚动中，整个世界都变了样，许多美好的东西都失去了，于是它又停了下来，将千辛万苦找回的那一部分丢在路旁，然后慢慢地滚动着行走。

奥里森·马登认为这个寓言揭示了这样一个道理：有缺憾时拼命追求完美，而一旦拥有了完美的一切，反而没有了梦想，没有了渴望，没有了奋斗的激情与快乐。

有一个成语叫“白璧无瑕”。洁白晶莹的玉，通体透明，没有一点瑕疵，确实是够美的，可惜的是，这样的玉却是极为罕见的。

是在远古的时代，曾经出现过凤凰。后来凤凰再度出现时，无论是天上的飞禽，还是地上的走兽，都立刻簇拥到凤凰的周围。它们惊异于凤凰的美丽，全都直瞪着两眼凝视着凤凰，羡慕它如梦如幻的美。但随着时间的推移，有些最聪明、最慎重的动物开始用同情的目光审视凤凰，它们惋惜地说：“完美的凤凰啊！它的命也真够苦的，既没有情侣，又没有朋友，永远体会不到爱或者被爱的快乐！”

人也是如此，如果过于完美，就会让别人敬而远之，因而也就没有了朋友。

不能容忍美丽的事物有所缺憾，是大多数人的一种普遍心态。追求尽善尽美对大多数人来说是理所当然的事，但他们从未想过，正是这种似乎无关紧要的态度，给他们的生活带来了巨大的压力。

进一步分析，渴望完美其实是出于一种自我保护的需要。安全感是人的最基本需要之一，假如一个人缺乏自信，生活上屡遭挫折，那么他的安全感就会受到伤害。这种伤害需要通过其他途径来加以补偿。

心理学研究证明，试图达到完美境界的人与他们可能获得成功的机会，恰恰成反比。追求完美给人们带来莫大的焦虑、沮丧和压抑。一件事情刚开始，他们担心失败，生怕干得不够漂亮，于是辗转不安，这就妨碍了他们全力以赴去取得成功。而一旦遭到失败，他们就会异常灰心，想尽快从失败的境遇中逃避开。他们没有从失败中获取任何教训，而只是想设法让自己避免尴尬的场面。

具有这种性格的人，在日常生活中通常带有以下特点：神经非常紧张，连一般的工作都不能胜任；不愿冒险，生怕任何微小的瑕疵损害自己的形象；不能尝试任何新的东西；对自己诸多苛求，毫无生活乐趣；总是发现有些事未臻完美，于是精神紧张，得不到放松，无法休息；对别人吹毛求疵，人际关系无法协调，得不到别人的合作与帮助。

很显然，背负着如此沉重的精神包袱，不用说在事业上谋求成功，在自尊心、家庭问题、人际关系等方面，也不可能取得满意的效果。他们抱着一种不正确和不合逻辑的态度对待生活和工作，所以永远无法让自己感到满足，每天都会焦灼不安。

只求完美，害怕失败，只能使我们处于瘫痪的境地。那么，如何从追求尽善尽美的诱惑中摆脱出来？奥里森·马登给出的建议是：

对自己的潜能有正确的估计

既不要自视太高，更不必要过于自卑。有一分热发一分光。如果事事要求完美，这种心理本身就会成为你做事的障碍。不要在自己的短处上去与人竞争，而要在自己长处上培养起自尊、自豪和学习的兴趣。

重新认识“失败”和“瑕疵”

一次乃至多次的失败，并不能说明一个人的价值大小。如果从不经历失败，我们能真正认识生活的真谛吗？我们也许会一无所知，沾沾自喜于愚蠢的无知中。因为成功只能坚定期望的信念，而失败则给了我们独一无二的宝贵经验。

人只有经受住失败的考验，才能达到成功的巅峰，所谓“亡羊补牢，犹为未晚”。不必为一件事未做到尽善尽美的程度而自怨自艾，要承认，没有“瑕疵”的事物是不存在的，盲目地追求一个虚幻的境界，只能劳而无功。我们不妨自问一句：“我们真能做到尽善尽美吗？”既然不行，我们就应该尽快放弃这种想法。

为自己确定一个短期目标

寻找一件自己完全有能力做好的事，然后去把它做好，这样你的心情就会轻松自如，办事也会较有信心，感到自己更有创造力和成效。实际上，当你不追求出类拔萃，而只希望表现良好时，你会出乎意料地取得最佳的成绩。

目标切合实际的好处不仅于此，它还为你提供了一个新的起点，能使你循序渐进地摘取事业上的桂冠。同时，你的生活也会因此而丰富起来，变得富有色彩，充满了人情味，并不像你原来所想的那样黯淡。

第四章

你的职业就是你的雕塑

1

做好自己的职业定位

在都市中，最令人遗憾的，莫过于很多人在定位错误的职业上奋斗、挣扎，为此放弃了自己的舒适和安逸，这种精神虽然值得欣赏，但追求不适合自己的梦想，往往不会有很好的结果。如果把精力花在定位准确的职业上，就可以用更少的努力获得更大的成功和快乐。

奥里森·马登认识一位富有的青年人，他非常希望有一份属于自己的成功事业。受一些喜欢绘画的朋友的影响，青年人跑去法国巴黎学习绘画艺术。然而，在经过三年的艰苦学习之后，他发现自己根本没有成为一个伟大艺术家的天赋。他的个性也不适每天拿着画笔作画，绘画对他来说成了一种痛苦。他一直向往着农场的生活，在将自己定位成一个成功的农场主而不是一名平庸的画家之后，他回到了美国，开始了农场生活。

后来，这个青年人在伊利诺伊州拥有数千英亩良田，还有一座漂亮的房子和一个美丽的妻子。他每年都要出国去学习农耕技术和畜牧技术，他雇佣了很多人，并且常对周围贫穷的人予以帮助。总之，他成为了一个快乐且对社会有用的人，因为他定位准确，找到了符合自己性格而又喜欢的事业。

奥里森·马登据此认为，一个人要想成功，首先要做好职业定位。

良好的职业定位至少有以下四大好处：

第一，定位准确可以持久地发展自己。很多人事业上发展不顺利不是能力不够，而是因为选择了并不适合自己的工作，且他们并没有认真地思考“我是谁”“我适合做什么”，也不清楚自己想要什么，从而无法体会如愿以偿的感觉。有些人把时间用于追逐不是自己的工作上，但是随着竞争的加剧，便会感觉后劲不足。可见，准确的定位，可以获得更加长足的发展。

第二，定位准确可以善用自己的资源。集中精力发展，而不是“多元化发展”，这是职业发展的一个规律。有些人多来年涉足过很多领域，学习了很多知识，但博而不专，虽然表面看起来什么都懂，其实内部很虚弱，每一项能力都没有很强的竞争力，外强中干。人们常说“学MBA吧，大家都在学”，“出国吧，再不出国就来不及了”，“读研究生和博士吧，年龄大了就读不动了”，可现实已经无数次地说明，MBA、出国、研究生和博士并生不代表持续的发展，投资很多，收益很少，并且过于分散精力，反而会让你失去原有的优势。

第三，定位准确可以抵抗外界的干扰，不会轻言放弃。有的人选择工作，用现实的报酬作为准则，哪里钱多去哪里，什么时尚干什么，以至于放弃自己原本不错的职业，舍本逐末。但事实是，头几年也许这一职位在待遇上会有一些优势，但是后来差距会越来越小，甚至风水轮流转，今天时尚的过几年便不再时尚了，从前挣钱容易的职业几年后挣钱不再简单。而给自己一个准确的定位后，你就会理性地面对外界的诱惑。

第四，定位准确还能吸引合适的用人单位的眼球，或使上司以正确的方式培养你，调动一切有利因素帮助你发展。很多人在写简历和面试的时候，不能准确地介绍自己，使得面试官不能迅速地了解你，有的人在职业上摇摆不定，使得单位不敢委以重任；还有的人经常换工作，使得朋友们不敢积极相助。可见，定位不准，就好像游移的目标，让人看不清你真实的面目。

在了解了职业定位的好处以后，我们再来看看职业定位有哪些步骤：

第一步，了解自我。这是在“知道自己的长处和自己的行事方式”之后对自己的进一步了解。所谓的进一步了解，是要正确评价自己的核心价值观念、个性特点、天赋能力、缺陷、性格、气质、兴趣等，问问自己想干什么，能干什么，对自己各方面能力进行摸底，了解自己能力的大小，明确自己的优势和劣势，根据其他应聘者的经验、经历，选择推断未来可能的工作方向，从而彻底解决“我能干什么”的问题。

第二步，了解职业。只了解自己还不够，还要了解职业。了解职业包括职业的工作内容、知识要求、技能要求、经验要求、性格要求、工作环境、工作角色等。在了解职业的基础上，进一步仔细地分析、比较自己和职业要求的差距，根据自己的特点仔细地权衡选择不同目标的利弊得失，根据自己的现实条件确定最终达到目标的方案。

第三步，充分规划。这是职业定位规划的最后一部。每一个想找到适合自己理想的职业的人，要在找工作前明确职业定位，充分结合自己的个性特点和兴趣爱好，认真思考自己要做什么，能做什么，从事哪个专业领域的工作，朝哪个方向发展，从而避免因求职时的盲目而错失良机。

对于不同的人，职业规划肯定不同。不仅如此，奥里森·马登认为，即使是同一个人，在自己一生各个不同的阶段，其职业规划也存在很大的不同。对于处在二三十岁之间的年轻人来说，其职业规划重在走好第一步，因为这一阶段是事业发展的起点，如何起步，直接关系到今后的成败。这一阶段的主要任务，就是选择职业。在充分做好自我分析和内外环境分析的基础上，选择适合自己的职业，设定人生目标，制订人生计划。再一个任务，就是要树立自己良好的形象。年轻人步入职场表现如何，对未来的发展影响极大。有些年轻人，特别是刚毕业的大学生，总认为自己有知识、有文化，到单位工作后不屑于做零星小事，结果给同事们留下很差的印象，这对一个年轻人的发展而言，可以说是一个危机。还有一个重要任务，就是要坚持学习。根据日本科学家研究发现，人在工作所需的知识，90%是参加工作后学习到的。这个数据足以说明参加工作后学习的重要性。

最后要强调的一点就是，职业定位一定要实事求是，这山望着那山高是职业定位的大忌。客观的自我认识和自我评价是制订个人职业计划的前提，职业定位应以个人发展为目标，应符合自己的兴趣、特长，与个人的知识、能力相符，除此之外，职业定位还需考虑客观环境因素。

你不只是为老板工作

很多人会说："我不过是在为老板打工。"这种愚蠢的想法要不得。在许多人看来，工作只是一种简单的雇佣关系，做多做少、做好做坏，对自己意义并不大。事实上，这种观点错误至极。

奥里森·马登在其著作中举过这样一个例子：

汉斯和诺恩同在一个车间工作，每当下班的铃声响起，诺恩总是第一个换上衣服，冲出厂房，而汉斯则总是最后一个离开，他十分仔细地做完自己的工作，还会在车间里走一圈，看到没有问题后才关上大门。

有一天，他们在酒吧里喝酒，诺恩对汉斯说："你让我们感到很难堪。"

"为什么？"汉斯有些疑惑不解。

"你让老板认为我们不够努力。"诺恩停顿了一下又说，"要知道，我们不过是在为别人工作。"

"是的，我们是在为老板工作，但是，我们也是在为自己工作。"汉斯的回答十分肯定有力。

现实生活中，类似诺恩的人不在少数，他们并没有意识到自己在为他人工作的同时，也是在为自己工作——你不仅为自己赚到了养家糊口的薪水，还为自己积累了工作经验，工作带给你的，是远远超过薪水以外的东西。从某种意义上来说，工作真正是为了自己。

我们常常讲努力工作，那么怎样才算努力工作呢？努力工作就是尽自己最大的能力把工作做好！从低层次讲是拿人钱财，替人人消灾，对老板有个交代；更高层次上则是摒除“只是为老板打工”的思想，将工作当成自己的事，融入一种使命感和道德感。而无论哪个层次，努力工作所表现出来的就是认真负责、一丝不苟、善始善终的工作态度。

奥里森·马登指出，当你把努力工作当成一种习惯时，哪怕一开始并不能为你带来可观的收益，但可以肯定，你的付出永远比那些缺乏敬业精神的人好十倍。相反，一旦散漫、马虎、不负责任的做事态度深入到我们的潜意识中，做任何事都会随意而为，其结果自然是一团糟。

在美国西部的一个小镇里，有一位叫做贝恩的木匠，他做这一行做了一辈子，并且以敬业和勤奋深得老板的信任。年老力衰时，贝恩对老板说，自己想退休回家与妻子儿女享受天伦之乐。老板十分舍不得他，再三挽留，但他去意已决。于是，老板只好答应他的请辞，但希望他能再帮助自己盖一座房子。贝恩想了想，便答应了。

因为归心似箭，贝恩的心思全不在工作上，用料工艺也不那么严格，做出的活也全无往日的水准。老板看在眼里，但却什么也没说。等到房子盖好后，老板将钥匙交给了贝恩。

“这是你的房子，”老板说，“我送给你的礼物。”

贝恩愣住了，悔恨和羞愧溢于言表。自己一生盖了那么多华亭豪宅，最后却为自己建了这样一座粗制滥造的房子。

这也许只不过是一个故事，但是生动地说明了你所做的努力并不完全是为了老板，归根结底是为自己而工作。

贝恩只是没有保持晚节，但许多年轻人却是一踏入社会就缺乏责任心，以投机取巧为荣；老板一转身就懈怠下来，没有监督就没有工作；平时推诿塞责，划地自封；不思进取，反而以种种借口来遮掩自己的责任心缺失。懒散、消极、怀疑、抱怨……种种职业病如同瘟疫一样在企业、机关、学校中流行。值得钦佩的是那些不论老板是否在办公室都会努力工作的人，是那些尽心尽力完成自己工作的人，这种人永远不会被解雇，在任何地方都会受到欢迎，这个时代更需要这种人才。

“我不过是在为别人打工。”这句话中隐藏着另外一层意思：“如果我是老板，我会更加努力。”但是，事实却并非想象那么简单。

勤奋和敬业并不完全是由于物质的刺激，物质的刺激是一种本能的反应，是个人追求最浅的层次，更高层次则是一种自觉执行的精神，一种对事业更深层次的理解。

奥里森·马登认识一个叫作杰克的年轻人，他颇有才华，但是对待工作总是显得漫不经心。奥里森·马登因此给过他忠告，他的回答是：“这又不是我的公司，我没有必要为老板拼命。如果是我自己的公司，我相信自己会像老板一样夜以继日地工作，甚至会比他做得更好。”

一年以后，杰克写信告诉奥里森·马登，自己离开了原来的工作单位，独立创业，开办了一家事务所。“我会很用心地做好它，因为它是我自己的。”在信的末尾他这样写道。

奥里森·马登回信对他表示祝贺，同时也提醒他注意，对未来可能遭遇的挫折一定要有足够的思想准备。

半年以后，奥里森·马登又一次得到了杰克的消息，他说，自己一个月前关闭了事务所，重新去为别人工作，因为自己创业“太麻烦，太复杂，根本不适合自己的个性”。

创业伊始，许多年轻人会抱着满腔热情，全身心投入其中，但是一遭遇困境，就缺乏足够的耐心坚持下去。外在的物质利益只能起到短时间的刺激作用，必须养成持之以恒和努力的良好习惯。

创业是一种激情，但是如果抱着“如果自己当老板，我会更努力”的想法，工作就会变成一种不良情绪。有些人的态度十分明确：“我是不可能永远打工的。打工只是过程，当老板才是目的。我每干一份工作都是在为自己获得经验，开阔眼界。等到机会成熟，我会毫不犹豫地自己干。”

一个人在做雇员时缺乏忠诚敬业的态度，这种习气必将影响到他今后的路，无论他做何种行业，或是自己做老板，这种态度决不会轻易被驱除。

因此，“如果自己当老板，我会更努力”的论调只是自欺欺人，是为自己现在的懒散和不负责任寻找借口罢了。

3 不要只为工资而工作

奥里森·马登认为，一个人的工作质量往往决定其生活质量。在工作中无论工资是多是少，一定要竭尽全力，积极进取，这样的工作作风往往是事业成功者和失败者之间的重要区别。

奥里森·马登还着重强调，一个人工作的动机不应该只是为了工资，应该有更高层次的动力和追求。

遗憾的是，现实生活中，很多人却常常麻痹自己，告诉自己工作就是为了赚钱。他们会选择工资比较高的工作，而不选择适合自己、但工资相对比较低的工作。他们中的很多人是为了工资而工作，如果公司中只有他一个人的工资是最低时，他会毫不犹豫地选择辞职，当然态度也肯定是愤愤不平的。

对于有这种想法或做法的人，尤其是年轻人，奥里森·马登有这样的忠告："不要计较你开始上班时老板支付给你的工资，你应该看到工资背后所得到的东西。你会提高自己的工作技能，你可以积累更多的工作经验，你可以发现并发挥自己的潜能。而这一切都是宝贵的无形财产。"

为了证实自己这段话，奥里森·马登用德国著名的"铁血宰相"俾斯麦的"职场经历"做例子。

俾斯麦在德国驻俄国的外交部门工作时，的工资很低。但他在那里他学到了很多有用的外交技巧，同时也提高了自身的判断力和决策力，这些为他后来扩大德国疆土，进行有效的国内改革是有很大帮助的。俾斯麦从来没有因为工资低而不努力工作，相反，他不仅出色地完成了一个外交官的使命，更令人敬佩的是，他为自己国家的强大做出了伟大的贡献。如果没有俾斯麦，德国分裂混乱的局面不知道还会延续多久。

同俾斯麦相比，现在的很多年轻人，尤其是刚毕业的大学生，往往视工资为身价的标志，绝不能低于别人。他们“理想远大”，刚出校门就希望自己成为年薪几十万元的总经理；刚创业，就期待自己能像比尔·盖茨一样富可敌国，他们只知道向老板索取高额薪酬，却不知自己能做些什么，更不懂得从小事做起，实实在在地前进。

只为工资而工作让很多人缺乏更高的目标和更强劲的动力，也使职场上出现了几种不正常的现象：

首先，应付工作。一些人总认为公司付给自己的工资太微薄，他们有权以敷衍塞责来报复。他们工作时缺乏激情，以应付的态度对待一切，能偷懒就偷懒，能逃避就逃避，以此来表示对老板的抱怨。他们认为工作仅是为了对得起这份工资，而从来没想过这会与自己的前途有何联系，老板会有什么想法。

其次，到处兼职。为了补偿心理的不满足，他们到处兼职，一人身兼二职、三职，甚至数职，多种角度不停地转换，长期处于疲劳状态，工作不出色，能力也无法提高，最后使谋生的路子越走越窄。

最后，时刻准备跳槽。他们抱有这样的想法：现在的工作只是跳板，时刻准备着跳到工资更高的单位。但事实上，很多人不但没有越跳越高，反而因为频繁地换工作，公司因怕泄露机密等原因，不敢对他们委以重任。由于他们过于热衷“跳槽”，对工作三心二意，所以很容易失去上司的信任。

一个人若只是为薪资而工作，把工作当成解决面包问题的一种手段，而缺乏更高远的目光，最终受欺骗的可能就是你自己。在斤斤计较工资的同时，失去了宝贵的经验、难得的训练机会，何谈提高能力？而这一切较之金钱更有价值。

相信大家都清楚，在公司提升员工的标准中，员工的能力及其所做出的努力，占很大比例。没有一个老板不想要一个能干的员工。只要你是一位努力尽职的员工，总会有提升的一天。

所以，你永远不要惊讶于某个工资微薄的同事忽然提升到重要位置，若说其中有奇妙，那就是他们在开始工作的时候——得到的与你相同，甚至比你还少的微薄工资的时候，付出了比你多一倍，甚至几倍的努力，正所谓“不计报酬，报酬更多”。

假如你想成功，对于自己的工作，最起码应该这样想：工作是为了生活，更是为了自己的未来。薪金的多与少永远不是工作的终极目标，对我来说，那只是一个极微小的问题。我所看重的，是我可以因工作获得大量知识和经验，以及踏进成功者行列的各种机会，这才是有极大价值的酬报。

事实证明，如果你不计报酬、任劳任怨、努力工作，付出远比你获得的报酬更多、更好，那么，你不仅表现了你乐于提供服务的美德，还因此发展了一种不同寻常的技巧和能力，这将使你摆脱种种不利因素，无往而不胜。

对待工作要保持热情

根本没必要去询问一个人是否热爱自己的工作，因为他脸上的光彩就能告诉你答案，他执行任务时的轻快和骄傲，他那无法掩饰的激情和精神都体现了这一点。他应该非常热爱自己的工作，在其中找到了最大的乐趣，这种内心深处的喜悦使他整个人都亮了起来。

两个人做同一件工作时，态度、方式上都有很大的不同。奥里森·马登举了这样一个例子：

我认识一些非常擅长做家务劳动的家庭主妇，我发现，不管她们是蒸面包，铺床铺，还是擦洗家具，都是一副乐在其中的专注神态。她们以积极的心态做这些事，并从中享受到乐趣。在一些主妇看来是非常枯燥乏味的事，在她们看来，却自有它的妙处。她们能从家务中看出艺术的美。无论是照料孩子还是料理家务，都不觉得单调无趣。实际上，看着她们以轻松愉悦的心情做事，看着她们那种发自心底的满足，简直就是一种享受。她们愉快自在地摆放着每一件家具，摆弄着自己喜爱的小玩意儿，这其中无不显露出她们的品位。整个家庭的氛围是那么温馨、舒适，使人的心灵得到慰藉，生活变得更美好。

我还认识另外一些家庭主妇，她们把家务当成是天下最乏味的事，如果可能的话，宁愿以少活两年来换取免做一切家务。她们痛恨做家务。只要稍有可能，她们就会拖延或干脆省掉那些家庭劳动，即使是被迫做了一些，结果也不能令人满意。在这样的家庭里，心灵怎么会得到满足呢？你只会觉得一切都是乱七八糟。换句话说，她是以三心二意的手艺人心态在做事，而不像前面提到的家庭主妇，完全以艺术家的心态在做家务。

的确，当一个人喜爱他的工作时，你会发现他非常投入，表现出来的自发性、创造性、专注和谨慎，十分明显。而这在那些视工作为应付差事、乏味无聊的人那里，是根本看不见的。

懒惰的主妇，如果遇到某个仆人生病或外出有事她不得不做家务活的情况时，就会暴跳如雷，大发脾气；而在另一种主妇那里，却会大发同情心，认为刚好给仆人们一个放假的机会，对偶尔亲手做一些事、准备一顿晚餐也甚为高兴。具有这种心态的主妇，做任何事都会全身心投入，表现出自己高雅的品位，以愉快的心情和艺术家的眼光审视自己的行为，为家人带来快乐。

这样的情形在办公室、商店、工厂里也经常见到。一些职员拖拖沓沓似乎连走路都费劲，让人觉得，对他们来说生活是一个沉重的负担。他们讨厌自己的工作，希望一切都快些结束，他们根本就不明白，为什么别人能充满热情、干劲十足，自己却总是感到一切都单调乏味。而那些充满乐观精神、积极向上的人，做什么事都有一股用不完的劲，神情专注，心情愉快，并且主动找事做，期望事业越做越大。对工作的不同态度，使最终的结果存在着天壤之别。

每一个老板自然而然地觉得，勤勤恳恳、全神贯注、充满热情的员工更有价值。这些员工的积极心态也常常会感染上司，上司也知道，这样的下属在尽力帮助自己，并且对那些喜欢逃避责任的员工也是一种激励。因此，他会自觉地与有良好心态的员工在一起，关心他们的生活，对那些不专心工作、开脱责任、不注重实绩的员工，有一种本能的排斥心理。

即使是补鞋这么低微的工作，也有人把它当作艺术来做，全身心地投入进去。不管是一个补丁还是换一个鞋底，他们都会一针一线地精心缝补。这样的补鞋匠你会觉得他就像一个真正的艺术家。但是，另外一些补鞋店则截然相反，他们认为工作只是随便打一个补丁，根本不管它的外观，好像自己只是在谋生，根本没有热情来关心自己活的质量。你愿去哪种店里？

有一些教师常以大师的标准要求自己，在教书育人生涯中全力以赴，以满腔爱心、同情心和责任心对待每一位学生，他们好像要把温暖的阳光照射到每个同学的心中。教室就像他们的画室，而他们是站在画布前面的大师，全神贯注于自己的创作。学生也能从他那里得到良好的教益。另外一些教师的态度则截然不同，从早晨一开始就对一天的工作觉得厌倦，想到要去给那些愚蠢的学生上课，就腻味透顶，想着如果哪一天不用上课就解放了。他们授课既无热情，也无生气，反而把不良心态传染给了学生。

神职人员也是如此。米歇尔·安格鲁是个牧师，他一心只想着布道、传福音。每当黎明来临时，他就准备好了，去从事自己最热爱的工作。他把布道当成自己的职责，认为这是上帝赋予自己的责任，并从中得到满足与快乐。相反，有的牧师则无视教徒的甘苦，好像自己与他们无关。也许这样的牧师也能为教徒们读读经文，投身到社会生活中去，但因他们本身缺少内在的热情，更不能激发出圣徒的热忱。牧师的职业最需要的就是爱心和热情，否则怎么可能完成这一神圣职责呢？

100多年前，有一位家住罗德岛的先生，他殚精竭虑地在自己的庄园砌了一堵石墙，就像一位大师创作一幅杰作一样，其专注程度甚至比任何一位大师都有过之而无不及。他翻来覆去审视着每一块石头，研究它们的特点，思考如何把它们放在最佳的位置。墙砌好以后，他还从不同的角度细细打量，像一位伟大的雕刻家欣赏着粗糙的大理石变成的精美塑像，其满足程度可想而知。他把自己的品格和热情倾注到每一块石头上。每年，到他的农庄参观的人络绎不绝，他也很乐意为人们解说每一块石头的特点以及自己是如何把它们的个性充分展现出来的。

你也许会问，砌一堵石墙有什么意义呢？这堵围墙已经存在了一个多世纪，这就是最好的回答。

把工作当成一种快乐

奥里森·马登认为，只有当人们把自己的工作当成一种快乐时，才会有所建树。假如你出现以下这些情况：总要强迫自己投入工作，每天早上都感觉精力不济，拖拖拉拉不愿去上班；工作时感觉力不从心，经常会觉得疲劳，行动缺乏灵活性，那么毫无疑问，你的工作已没法给你带来快乐和力量了，你也就很难在工作上有所建树了。

当你在工作时，千万不要让消极情绪主导你的心情。只有以积极的态度投身于工作中，才能给你带来欢乐和激情，工作也会更加有力度。

即便你的处境再不如人意，也不应该厌恶自己的工作，世界上再也找不出比厌恶工作更糟糕的事情了。如果环境迫使你不得不做一些令人乏味的工作，你应该想方设法使之充满乐趣。用这种积极的态度投入工作，无论做什么，都很容易取得良好的效果。

人可以通过工作来学习，可以通过工作来获取经验、知识和信心。你对工作投入的热情越多，决心越大，工作效率就越高。当你抱有这样的热情时，上班就不再是一件苦差事，工作也变成一种乐趣，要记住，工作是为了自己更快乐！

事实上，许多在大公司工作的员工，他们虽然拥有渊博的知识，也受过专业的训练，朝九晚五地穿行在写字楼里，有一份令人羡慕的工作，拿着一份不菲的薪水，但他们并不快乐。因为他们是一群孤独的人，不喜欢与人交流，不喜欢星期一；他们视工作如紧箍咒，仅仅是因为生存而不得不出来工作；他们精神紧张、未老先衰，常患有胃溃疡和神经官能症……

当你在乐趣中工作，如愿以偿的时候，就该爱你所选择的，不轻言变动。如果你开始觉得压力越来越大，情绪越来越紧张，在工作中感受不到乐趣，没有喜悦的满足感，就说明有些事情不对劲了。如果我们不能从心理上调整自己，即使换一万份工作，也不会有所改观。

一个人工作时，如果能投入精益求精的态度，火焰般的热忱，充分发挥自己的特长，那么不论做什么样的工作，都不会觉得辛劳。如果我们能以满腔的热忱去面对，哪怕平凡工作也能让我们成为最精巧的艺术家；各行各业都有发展才能的机会，实在没有哪一项工作是可以藐视的。

如果一个人鄙视、厌恶自己的工作，那么他必然会遭到失败。引导成功者的磁石，不是对工作的鄙视与厌恶，而是真挚、乐观的精神和百折不挠的毅力。

不管你的工作怎样卑微，都当付之以艺术家的精神，付之以十二分的热忱，这样，你就可以从平庸卑微的境况中解脱出来，不再有劳碌辛苦和厌恶的感觉。

常常听到一些刚毕业的大学生抱怨自己所学的专业，于是有人试着向他们提出这样的问题：如果你所学的专业与个人的志趣南辕北辙，那么，当初为什么会选择它呢？如果已经为你的专业付出了四年的时光甚至更多的时间，这说明你对自己专业虽然谈不上热爱，但至少可以忍受。所有的抱怨不过是逃避责任的借口，无论对自己还是对社会，都是不负责任的。

亨利·凯撒——一个真正成功的人，不仅因为冠以其名字的公司拥有10亿美元以上的资产，更由于他的慷慨和仁慈，使许多哑巴会说话，使许多跛子过上了正常人的生活，使穷人以低廉的费用得到了医疗保障……所有这一切，都是由凯撒的母亲在他的心田里播下的种子生长出来的。

玛丽·凯撒给了儿子亨利无价的礼物——教他如何应用人生最伟大的价值。玛丽在工作一天之后，总要花一段时间做义务保姆工作，帮助不幸的人们。她常常对儿子说：“亨利，不工作就不可能完成任何事情。我没有什么可留给你的，只有一份无价的礼物：工作的欢乐。”

凯撒说：“我的母亲最先教给我对人的热爱和为他人服务的重要性。她常常说，热爱人和为人服务是人生中最有价值的事。”

如果你掌握了这样一条积极的法则，如果你将个人兴趣和自己的工作结合在一起，那么，你的工作将不会辛苦和单调。兴趣会使你的整个身体充满活力，使你在睡眠时间不到平时的一半、工作量增加两三倍的情况下，仍然不会觉得疲劳。

工作不仅是为了满足生存的需要，同时也是实现个人人生价值的需要，一个人总不能无所事事地终老一生，应该试着将自己的爱好与所从事的工作结合起来，无论做什么，都要乐在其中，而且要真心热爱自己所做的事。

成功者乐于工作，能够在工作中找到快乐，并能将这份喜悦传递给他人，使大家不由自主地接近他们，乐于与他们相处或共事。人生最有意义的就是工作，与同事相处是一种缘分，与顾客、生意伙伴见面是一种乐趣。

让我们牢记奥里森·马登的这段话：热爱工作吧！对你的本职工作尽心尽责，不去管别人的看法如何，工作是成功者永远的乐趣。能快乐工作的人，身心永远年轻。

将爱融入到工作之中

将爱融入一个人所从事的任何工作中，这项工作的质量都将即刻提高，这是奥里森·马登成功学中一个重要的发现。

每个人都要选择自己的工作态度，工作的时候，你是什么样的人？你是无奈、厌倦的？还是想做出成绩的？如果你希望做出成绩，就要为自己工作，就像在和工作谈恋爱一样，保持热情和情趣。

对我们大多数人来说，选择职业不外乎一求生存二求发展，能抱着“先结婚后恋爱”的态度倒不错，就权当这是场不掺和任何兴趣的“无爱婚姻”，而不是当作爱得死去活来、一见钟情、短暂结束的闪电婚姻。因没有不切实际的幻想，你对工作采取的是极现实的态度，能接受周围环境的许多局限性，沉下心来，与自己的潜力竞争，耐心打磨，怀着“白头偕老”的信念，慢慢地在这种“婚姻”中找到稳固的乐趣，说不定能收获意想不到的幸福和成功。

某公司的职员说：“我必须和我的工作谈恋爱。”其实他这就是在为自己工作，所以每次快被工作磨到热情消退时，他都努力保持其趣味的新鲜度。

看看市场上那些卖鱼的鱼贩，他们在工作时充满乐趣和活力。这些鱼贩和顾客一道度过快乐的时光。他们采用吸引顾客的方式创造活力、树立品牌。谁是他们的顾客？他们采用什么方法吸引顾客并使他们快乐？他们相互之间又怎么得到快乐？他们怎样才能有更多的乐趣、创造更多的活力?

所有的鱼贩都全身心地投入工作，他们教会我们如何快乐工作的方法，那就是和你的工作谈恋爱。

然而，现实生活中，很多人在想“如果可能，我一定选择‘不工作’！”人人都企盼“能做自己喜欢的事情是最幸福的”，今天，绝大多数人像上了发条的时钟那样，每天固定而麻木地工作着——那种完全为了自己的随心所欲的自在生活，永远还只在想象中。

在飞速运转的都市生活中，高压工作换取的报酬可以满足人们物质要求，却很难让他们自己的内心充满快乐。于是日复一日，这些人一天比一天更忙碌，一天比一天更憔悴，直至精疲力竭。工作就像个永不会停止的风车，拖着人习惯性地转动。他们为什么会如此疲惫呢？原因在于他们不会正确看待自己的工作，也不会为自己工作。如果他们懂得为自己工作，把工作当成恋爱一样来对待，或许，他们将会轻松快乐得多!

若干年前，有一群社会学家——他们自称为“合作者”——在路易斯安那州组织了一个殖民地。他们买下几百亩农地，开始为实现一个理想而工作。他们拟订了一套制度，让每个人去从事他最喜爱的工作。他们相信这样将为他们的生活带来更大的幸福。

他们的设想是不支付工资给任何人，每个人从事他最喜爱的工作或他最擅长的工作，劳动成果归大家享有。他们拥有自己的牧场、制砖厂、牛群和家禽等，他们还有自己的学校和印刷厂。通过印刷厂，他们出版了一份报纸。

一位来自明尼苏达州的瑞典移民也加人了这个殖民地，根据他自己的要求，他被分配到印刷厂工作。可没过多久，他却抱怨说自己不喜欢这项工作，于是他被调到农场，负责开拖拉机。但他只干了两天就受不了，因此他又申请调职，去往牛奶场工作。偏偏他又和那些乳牛处不来，于是再一次调职，这一次是到洗衣店工作，但也只待了一天而已。他就这样一一试过每一份工作，却没有一样是他喜欢的。看起来，似乎他并不适合这种合作式的生活方式，而他自己也打算退出这个殖民地。但就在这时，突然有人想到，有一项工作是这个人尚未尝试过的——就在制砖工厂中。于是他领到了一辆独轮手推车，被派去把制好的砖头从窑里运到砖场上并堆放整齐。一个礼拜过去了，他没有发出任何怨言。当问到他是否喜爱这项工作时，他回答说："这正是我所喜欢的工作。"人们都很惊讶，竟然有人会喜欢推砖的工作！不过，这个工作倒是很适合这个瑞典人的天性——他喜欢单干，而且这个工作不需要花脑子，又不需承担任何责任，这正是他所希望的。他一直做着这项工作，直到所有的砖都被运完并摆好为止。

随后他就离开了这块殖民地，他说："这种美好平静的工作已经结束，所以我想该回明尼苏达州了。"

当一个人从事他所喜爱的工作时，他能轻松地应对，甚至比分内该做的做得更好、更多。为此，每个人都有责任去找出自己最喜爱的工作。

以爱的精神为劳动而付出劳动，过去不会白费，将来也不会白费，从前不会失败，将来也永远不会失败。

主动与你的老板沟通

奥里森·马登认为，在人们交往过程中，有效的沟通是人们交往的重要保证。同样的道理，员工要想让老板重视你、欣赏你，就必须主动与老板沟通。

阿尔伯特是奥里森·马登的一位好友，也是美国金融界的知名人士。他初入金融界时，他的一些同学已在金融界内担任高职，并已经成为老板的心腹了。他们教给阿尔伯特一个最重要的秘诀，就是“要主动跟老板讲话”。

之所以如此说，就在于许多员工对老板有生疏感及恐惧感，他们见了老板就噤若寒蝉，一举一动都不自然起来。就是连述职，也是能免则免，或用书写形式报告，或拜托同事代为转述，以免受老板当面责难的难堪。长此以往，员工与老板的隔膜肯定会越来越深。

然而，人与人之间的好感，是要通过实际接触和语言沟通，才能建立起来。一个员工，只有主动跟老板进行面对面的接触，把自己真实地展现在老板面前，才能令老板认识到你的工作才能，才会有被赏识的机会。

在许多公司，特别是一些刚刚走上正轨或有很多分支机构的公司，老板会物色一些管理人员前去工作，此时，他选择的肯定是那些有潜在能力，且懂得主动与自己沟通的人，而绝不是那种只知一味勤奋，沟通却不够主动的员工。因为两者比较之下，肯主动与老板沟通的员工，总能借沟通渠道，更快更好地领会老板的意图，把工作做得近乎完美。所以前者总深得老板欢心。

想主动与老板沟通的人，应懂得主动争取每一个沟通机会。事实证明，很多与老板匆匆一遇的场合，可能决定着你的未来。比如，电梯间、走廊上、吃工作餐时，遇见你的老板，走过去向他问声好，或者和他谈几句工作上的事。千万不要像其他同事那样，极力避免让老板看见，仅仅与老板擦肩而过若能不失时机地表明你与老板兴趣相投，是再好不过了。老板怎会不欣赏那些与他兴趣相投的人呢？也许你大方、自信的形象，会在老板心中停留较长一段时间。

当然，这并不是说，只要你主动与老板沟通，就能得到老板的垂青。不同的老板喜欢用不同方式去管理。主动与老板沟通时，你必须懂得自己的老板有哪些特别的沟通倾向，这对员工的沟通成功与否至关重要。

与老板沟通越简洁越好

老板阶层的人有一个共同特性，就是事多人忙，加上讲求效率，故而最不耐烦长篇大论，言不及意。因此，你要想引起老板的注意并很好地与老板进行沟通，应该学会的第一件事就是简洁。简洁最能表现你的才能。莎士比亚把简洁称为“智慧的灵魂”。用简洁的语言、简洁的行为来与老板形成某种形式的短暂交流，常能达到事半功倍的效果。

“不卑不亢”是沟通的根本

虽然你所面对的是你的老板，但也不要慌乱，更无需不知所措。无可否认，老板喜欢员工对他尊重，然而，不卑不亢这四个字最能折服老板，最让他受用。员工在沟通时若一味迁就老板，本无可厚非，但直白点讲，过分地迁就或吹捧反而会适得其反，让老板产生反感情绪，进而妨碍员工与老板的正常关系和感情的发展。若你在言谈举止之间，都表现出不卑不亢的样子，从容对答，老板会认为你有大将风度，是个可选之材。

沟通时老板和员工是对等的

在主动交流中，不争占上风，能从老板的角度思考问题，兼顾双方的利益，是最好的结果。特别是在谈话时，不以针锋相对的形式令对方难堪，而能够充分理解对方，那么，你的沟通结果常会皆大欢喜。

用聆听开创沟通新局面

理解的前提是了解。老板不喜欢只顾陈述自己观点的员工。在相互交流之中，更重要的是了解对方的观点，不急于发表个人意见。以足够的耐心去聆听对方的观点和想法，是最令老板满意的，因为这样的员工，才是领导人选。

贬低别人不能抬高自己

在主动与老板沟通时，千万不要为标榜自己而刻意贬低别人甚至老板。这种褒己贬人的做法，老板最是不屑。与人沟通，就是把自己先放在一边，突出老板的地位，然后再取得对方的尊重。当你表达不满时，要记着一条原则，那就是所说的话对“事”不对“人”。不要只是指责对方做得如何不好，而要分析做出来的东西有哪些不足，这样的沟通，才会让老板对你投以更加赏识的目光。

用知识说服老板

对于日新月异的科技、变化迅猛的潮流，你都要保持应有的了解，因为广泛的知识面，可以支持自己的论点。若你知识最匮乏，对老板的问题无法做到有问必答，条理清楚，那么当老板得不到准确回答时，就会对你失去信任和依赖。

在了解了老板的沟通倾向后，员工需要调整自己的风格，使自己的沟通风格与老板的沟通倾向最大可能地吻合。有时候，这种调整是与员工本人的天性相悖的。但员工如果能通过自我调整，主动有效地与老板建立沟通，创造与老板之间默契和谐的工作关系，无疑能使你最大程度地获得老板的认可。

欣赏和赞美你的老板

老板之所以成为你的老板，一定有许多你所不具备的特质，这些特质使他超越了你，这一点你必须承认。

任何人身上都可能拥有你所欣赏的人格特质。玛格丽特·亨格佛曾经说过："美存在于观看者的眼中。"她的看法和我们平常所说的"我们在别人身上看到我们所希望看到的东西"不谋而合。每个人都是相当复杂的综合体，融合了好与坏的感情、情绪和思想。你对他人的想象，往往奠基于自己对他人的期望。

如果你相信他人是优秀的，你就会在他身上找到好的人格品质；如果你不这样认为，就无法发现他人身上潜在的优点；如果你本身的心态是积极的，就容易发现他人积极的一面。当你不断提高自己时，别忘了培养欣赏和赞美他人的习惯，认识和发掘他人身上的优秀特质。

奥里森·马登在其著作中不止一次提出这样的观点：看到他人的缺点很容易，但是只有当你能够从他人身上看出优秀的品质，并由衷地欣赏他们的成就时，你才能真正赢得友谊和赞赏。

这个道理同样适用于我们对待老板的态度，然而，正由于他是老板，我们并不能十分容易做到这一点。作为公司的管理者，他自然会经常对我们的许多做法提出批评，经常会否定我们的想法，这些都会影响我们对他做出客观的评价。

人生来就有缺陷，大多数人有嫉妒心，无法面对那些比我们优秀的人。这一点正是阻挡大多数人迈向成功的绊脚石。成功学家告诉我们，提升自我的最佳方法，就是帮助他人出人头地。当你努力地帮助他人时，人们一定会回报你。如果我们能衷心地欣赏和赞美自己的上司和老板，当他们得到升迁，当公司得到成长时，他一定对你会有所回报——是你的善行鼓舞他们这样做。有许多意想不到的机会都来自于你发自内心对他人的欣赏和赞美，在他们最需要的时候，你给予了他们精神上的支持。

也许你的老板并不比你高明，但你必须服从他的命令，并且努力去发现那些优越于你的地方，尊敬他、欣赏他、向他学习。如果我们都抱着这样的心态，即使彼此之间有种种隔阂，有许多误解，也会慢慢消解的。

在职时要赞美自己的老板，离职后同样也要说过去老板的好话。一位曾经聘用过数以百计员工的管理者曾谈起自己招聘人的心得："面谈时最能体现出一个人思想是否成熟，心胸是否宽大的事，是他对刚刚离开的那份工作说些什么。前来应征的人，如果只是对我说过去雇主的坏话，对他恶意中伤，这种人我是无论如何也不会考虑的。"

"也许一些人的确是因为无法忍受老板的压迫而离职的，"他继续说，"但聪明的做法应该是，不要去谈论那些不愉快的旧事，更不要因自己所遭受的不公正待遇耿耿于怀。"

许多求职者以为指责原来的公司和老板能够提高自己的身价，于是信口开河，说三道四，这种做法看似聪明，实则愚蠢，其中道理不难理解。所有的公司都希望员工保持忠诚，每个老板都希望能吸引那些对公司忠诚不二的员工，而将那些过河拆桥的人拒之门外。如果你今天为了谋取一份工作，而将原来的雇主说得一无是处，谁能保证你明天不会将现在的公司批驳得体无完肤呢？

对以前就职的公司和老板做一些无伤大雅的评价未尝不可，但如果这种评价带有明显的个人色彩，就可能变成一种不负责任的人身攻击了，这只会引起现在老板的反感。此外，许多公司和机构在招聘一些重要职位时，通常会通过各种手段、渠道来了解应聘者在原公司的表现。俗话说，世上没有不透风的墙，当你的攻击传回原单位后，别人对你的评价就可想而知了。

这种“说以前老板好话”的原则，也适用于生活的其他方面。

有一个人，打算与一位离婚妇女结婚，一切都已经安排就绪，忽然间，所有的计划都改变了。为什么呢？这个人这样解释道：“她总是一再谈论前夫的各种丑事——如何胡说八道，如何对她不公平，如何好吃懒做、不务正业等，真把我吓坏了。我想，应该没有一个如此坏的人吧。如果我和她结婚了，不也就成了他批评的对象了吗？想来想去，于是决定取消婚事。”

还有一位中年人，在最近一次公司改组中失去工作。被解聘之后，他逢人就诉说自己所遭受的不公平待遇，还说整个公司上下一切都依靠他，而最后自己却被人恶毒地扳倒了。

他诉苦时的表现使人越来越相信，他被解聘是咎由自取。他是一个十足地专讲“过去时态语句”的人，而且只会说些不幸、恐怖、消极的事。如今，他依然在失业中，如果这一点没有彻底的改观，对他而言，失业的岁月会相当漫长。

第五章 积极的心态是成功的前提

人生的成败在于心态

人们常说，心态决定命运。消极心态是失败、疾病与痛苦的源流，而积极心态是成功、健康与快乐的保证！你千万要记住，你的心态决定了一切成功，无论情况怎么样，都要抱着积极的心态，莫让你的沮丧取代了你的热情。

人的生命可以价值连城，也可以一无是处，关键就在于你选择怎样的心态。在奥里森·马登看来，一个人选择了积极心态，一定会到达成功的彼岸，而选择了消极心态，则只会遭遇失败。有些人只是暂时拥有积极的心态，当遇到挫折时就会失去信心，以消极心态来麻痹自己，慰藉自己，封闭自己，甚至期望天上会掉下馅饼来。

一般来说，持续持有消极心态会产生两种十分严重的后果：一是消极的心态会在关键时刻为你带来疑虑，二是使你的希望最终破灭。

就第一种后果而言，我们可以看出，一个人如果在生活中老是寻找消极的东西，那么消极心态就会成为一种难以克服的习惯，这时即使出现好机会，他也看不到、抓不住，因为他会把每种情况都看成是一种障碍，一种麻烦。

障碍与机会有什么差别呢？其关键就在于人们对它的态度。积极的人往往把挫折当成成功的基础，并将挫折转化为机会；消极的人则往往把挫折当成成功的绊脚石，让机会悄悄溜走。

你不难发现，面对同样的机会，充分使用积极心态的人能获得人生中有价值的东西；而充分运用消极心态的人则会看着幸福渐渐远去，心里懊悔，却看不到有任何行动。

积极心态可以使你克服困难，发现自身的力量，有助于你踏上成功的彼岸；而消极心态却会在关键时刻使你产生疑虑，错失良机。

奥里森·马登曾讲过一个十分有趣的故事。故事是这样的：

在美国南方某州，人们一般都用烧木柴的壁炉来取暖，有一个樵夫为某一户人家供应木柴达两年多之久，他知道木柴的直径不能大于18厘米，否则就不适合这户人家特殊的壁炉。但有一次，他给这个老主顾送去的木柴大部分不符合规定的尺寸，主顾发现这种情况后，就打电话给他，要他调换或者劈开这些不合尺寸的木柴。

“我不能这样做！”这位樵夫说，“这样所花费的工价会比全部柴价还要高。”

主顾只好自己来劈柴。大概在劈了一半的时候，他注意到一根非常特别的木头，上面有一个很大的节疤，节疤明显地被人凿开又堵塞住了。这是什么人干的呢？

主顾掂量了一下木头，觉得它很轻，仿佛是空的。他用斧头把它劈开，一个发黑的白铁卷掉了出来。他拾起白铁卷打开一看，发现白铁卷里包着一些很旧的50美元和100美元的钞票，他数了数恰好有2250美元。

从这些钞票的颜色可以看出，它们藏在这个树节里已有许多年了。主顾唯一的想法是使这些钱回到它真正的主人那里。于是，他又立即打电话给那位樵夫，问他从哪里砍到这些木头。但是，这位樵夫却说：“那是我自己的事。小心你的嘴，如果你泄露了秘密，我不会放过你的。”

主顾尽管作了多次努力，还是无法知道这些木头是从哪里砍来的，

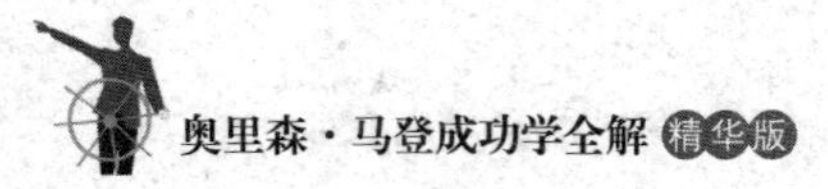

也不知道是谁把钱藏在树内的。

十分明显，这个故事并不是要讽刺什么，而是要说明：心态不同，对事的态度也不同，哪怕是面对金钱，也不例外。

可见，好运在我们每一个人的生活中都是存在的，然而，以消极的心态对待生活的人却会阻止好运造福于自己。只有具有积极心态的人才会抓住机遇，进而从不利的环境中获得某种成功。另一方面，消极心态还会使你难得的希望破灭，看不到将来的希望，就激发不出现在的动力。

消极心态就像一剂慢性毒药，使人慢慢变得意志消沉，失去任何动力，成功也就会越来越远。

关于消极心态造成的严重后果，奥里森·马登同样讲过一个十分有趣的故事：

约翰·格里尔是一匹良种赛马，曾经取得过多次赛马比赛的胜利。

1802年7月，在阿查德市即将举行一次德维尔奖品赛，约翰·格里尔是其中的种子选手，并极有可能战胜在任何时候都占优势的一匹良种赛马——“战斗者”。于是，它被精心地照料、训练着。比赛开始那天，两匹马终于相遇了。

这是一个极为庄严隆重的日子，万众瞩目。当这两匹马沿着跑道并列奔跑时，人们都清楚，“格里尔”是在同“战斗者”作殊死搏斗。

跑了四分之一的路程，它们不分高低，跑了一半的路程，跑了四分之三的路程，它们仍然不分高低。在仅剩八分之一的路程时，它们似乎还是齐头并进。然而就在这时，“战斗者”却使劲向前窜去，并最终跑到了最前面。对于“战斗者”的骑手来说，这是一个十分危急的时刻。因为，他看得出，约翰·格里尔是在同他的“战斗者”进行一场生死搏斗。

于是，他便在赛马生涯中第一次用皮鞭持续地抽打着坐骑。

对于“战斗者”来说，骑手似乎在放火烧它的尾巴。它猛冲到前面，终于同约翰·格里尔拉开了距离。相反，约翰·格里尔却静静地站在那儿，并未追赶。

约翰·格里尔原是一匹精神抖擞的马，是一匹很有希望的马，但是，这次比赛却把它打败了，并将它的心态从积极的一面翻到了消极的一面。从此，它消极悲观，一蹶不振，后来再也没有获胜过。

人虽然不是赛马，但是像约翰·格里尔品性的人却并不少见。你不难发现，他们也像约翰·格里尔一样，在积极心态黄金定律的指导下，也曾经有过辉煌时刻，但当他们遇到挫折时，心态便立即由积极转向消极，他们开始悲观失望，看不到成功的希望，从此一败涂地。

持有消极心态精神的人，他们对将来总是感到失望。在他们的眼中，玻璃杯永远不是半满的，而是半空的。

人们大概都知道物以类聚、人以群分的道理，并且，心态是会互相传染的。

对于那些结婚多年的夫妇来说，他们的行为在不知不觉间竟逐渐变得一样了，甚至连外貌也相似，而心态的同化则是最明显的。

毫无疑问，跟消极心态的人相处久了，你就会受他的影响。

另外，消极心态还限制了人的潜能，一个人的行为方式，不可能永远与他的自我评价脱节，具有消极心态的人不但想到外部世界最坏的一面，而且总想到自己最坏的一面，他们不敢祈求，所以往往收获很少，遇到一个新观念，他们总是说：

“这事根本行不通！”

“我从没有这么干过！”

“不这样不也过得很好吗？”

“谁敢冒这种风险！”

“现在条件还不成熟吧！”

“这可不是我们的责任！”

在《圣经·箴言》第二十三章第七节中，以色列历史上最伟大的智者之一所罗门就说：“他的心怎样思量的，他的为人就是怎样的。”换句话说，你相信会有什么结果，你就可能得到什么结果。

你不可能取得你自己并不追求的成就，很明显，当一个心态消极的人对自己的事业不抱很大期望的时候，他自然就会将自己取得成功的能力打一个大大的折扣，不言而喻，他成了自己潜能的最大敌人。因此，一定要牢记，消极心态就是你失败、颓废、消极的源泉，你一定要想尽办法遏制这股“暗流”，不要被这种错误的心态所操纵，使自己成为一个可悲的失败者。

正确地认识积极心态

大千世界，芸芸众生，人们时刻都在盼望着实现自我人生价值，都在企盼着发财致富，企盼着事业成功。但是，怎样才能成功，通向成功之路的起点究竟又在哪里呢？

在对成功人士进行悉心研究后，奥里森·马登认为，积极的心态正是他们共有的一个简单秘密。

奥里森·马登告诉人们，你如果要想成功，首先就应该认识你的隐形护身符。我们每个人都有着自己的隐形护身符。护身符的一面刻着积极的心态，一面刻着消极的心态。它具有两种惊人的力量：其一，使人登峰造极，一览众山小；其二，使人终生陷在谷底，即使爬到巅峰，也会被它拖下来。这两种巨大的力量既能吸引财富、成功、快乐和健康，又能排斥这些东西，夺走生活中的一切。

那么，心态是如何影响人的呢？从马斯洛的行为心理学来看，当你有一种信念或心态后，你把它付诸行动，就能加强并助长这种信念。比如，你有一个信念，坚信能够很好地完成自己承担的工作，这时你会觉得在工作中很有信心，你常这样想，并在实践中想方设法去做好工作的话，信心就会更强。这就是你的行动促进了你的心态。

又比如，你欣赏一个人，你喜欢他，就会主动与他沟通、交往。然后，你就会不断发现这个人的优点，从而更喜欢他。这是情绪和行为相应的一种反应。同样，你对自己也一样。你很喜欢自己，或者你压根儿就不喜欢自己，其情形也会像上面对别人那样的感觉。

当一种心态存在以后，你的行为就会加深这种心态。所以，有的孩子或者女人，他们哭起来总是越哭越伤心，这就是哭的行为促使他们在发泄自己的情绪，彼此的因和果就混淆在一起了。所以，当你自认为自己有能力时，你就会觉得各方面只要经过自己努力就能取得成功。

事实上，这个世界上没有任何人能够改变你，只有你能改变自己；没有任何人能够打败你，也只有你自己可以。因此，无论你自身条件如何，只要你运用积极心态，并将它和获取成功的其他定律相结合，就可能达到成功的彼岸。否则，若让消极心态主导你，无论自身条件如何优秀，机会如何千载难逢，你的失败都是必然的。

曾任美国总统的富兰克林·罗斯福就是运用积极心态成就事业的典型。罗斯福8岁的时候，还是一个脆弱胆小的男孩，脸上时常显露着一种惊惧的表情。他的呼吸总像喘气似的，在背诵什么东西时，双腿会不断发抖，嘴唇也颤抖不已，回答问题也总是含混不清，且不连贯，回答完了后就十分颓废地坐下来。

按照一般的情况，像他这样的小孩，自我感觉一定很敏感：回避任何活动，不喜欢交朋友，是一个只知自怜的人！但事实上，罗斯福却不这样。他虽然先天有些缺陷，却依然保持着积极心态，以一种积极、奋发、乐观、进取的心态激发了他的奋斗精神。

他的缺陷促使他更加努力地去奋斗，并未因为同伴对他的嘲笑而失去勇气。慢慢地，他喘气的习惯变成了一种坚定的嘶声，他以坚强的意志，咬紧自己的牙床使嘴唇不再颤动，进而克服了惧怕。就是凭着这种奋斗的精神，凭着这种积极心态，罗斯福终于成为了美国历史上最伟大的总统之一。

罗斯福并不因为自己的缺陷而气馁，甚至还将自己的这种缺陷加以很好的利用，使其变为自己勇敢进取的资本、向上的扶梯，从而爬到了成功的顶点，赢得人民的爱戴。

罗斯福的成功是神奇、伟大的，自身的先天缺陷那样严重，但他却能毫不灰心地干下去，直到成功。像他这样的人，如果停止奋斗而自甘堕落，应该说是相当自然而平常的事！但是他却不这样。他从来不会落入自怜的罗网里，这种罗网害过许多比他的缺陷要轻得多的人。没有人能想象这位受到人们广泛爱戴的总统，竟会有如此悲哀的童年而又有如此伟大的信心。

他不把自己当作婴儿看待，而是要使自己成为一个真正的人。他看见那些强壮的孩子玩游戏、游泳、骑马、做各种极难的体育活动时，他也强迫自己去打猎、骑马、玩耍或进行一些其他的激烈活动，使自己变为最能吃苦耐劳的典范。

他看见别的孩子用刚毅的态度对付困难、克服惧怕的情形时，他也会用一种探险的精神，去对付所遇到的可怕的环境。如此，他也觉得自己勇敢了。当他和别人在一起时，他觉得他很喜欢他们，并不回避他们。由于他对人感兴趣，从而使自卑的感觉无从发生。

当他用“快乐”这两个字去接待别人时，就不觉得惧怕了。未进大学之前，他以自己不断的努力，有系统的运动和生活，将健康和精力恢复得相当好了。他利用假期在亚利桑那追赶牛群，在落基山猎熊，在非洲打狮子，使自己变得强壮有力。

有人会怀疑这位世界大战中的领袖的精力吗？有人对于他的勇敢发生过疑问吗？可是千真万确，罗斯福便是那个曾经体弱胆怯的小男孩。

罗斯福使自己成功的方式是如此的简单，然而却又是如此的有效！这是每个人都可以做到的。罗斯福成功的主要因素在于他的心态和他的努力奋斗。但最重要的还是他的心态。正是他这种积极的心态激励自己去努力奋斗，最后终于从不幸的环境中找到了成功的秘诀。他使用隐形护身符，把积极心态的那面朝上，终于把成功吸引过来了。

“我是自己命运的主宰，我是自己灵魂的领导。”

这句话告诉我们：因为我是自己心态的主宰，所以自然会变成命运的主宰。心态会决定我们将来的机遇。这句话也在强调，无论心态是破坏性的还是建设性的，这个定律都会完全应验。运用积极心态，你就能把心中的各种念头和态度变成现实，并同样把你心中富裕或贫穷的思想都变成现实。

把隐形护身符翻过来，不用消极心态的那一面，而使用具有积极心态的一面，这是许多杰出人士的共同特征。

大多数人以为成功是透过自己没有的优点而突然降临的，或是我们拥有这些优点，却视而不见。其实最明显的往往最不容易看见，每一个人的优点正是自己的积极心态，这一点也不神秘，积极的心态是正确的心态，是由“正面”的特征所组成的，比如信心、诚实、希望、乐观、勇气、慷慨、容忍、机智、诚恳与丰富的常识等。至于消极的心态，其特性都是反面的，它们是消极、悲观、颓废的。

怎样使自己出类拔萃

奥里森·马登认为，积极的心态能使你出人头地、出类拔萃，它至少能给你带来以下的回报：

1. 带来成功环境的成功意识；
2. 生理和心理的健康；
3. 独立的经济环境；
4. 出于爱心而且能表达自我的工作；
5. 内心的平静；
6. 驱除恐惧的实用信心；
7. 长久的友谊；
8. 长寿而且各方面都能获得平衡的生活；
9. 免于自我设限；
10. 了解自己和他人的智慧。

纽约的零售业大王伍尔沃夫在青年时代非常贫穷，那时他在农村工作，一年中几乎有半年时间是打赤脚的。他创富的秘诀就是让自己的心灵充满积极思想，仅此而已。他借来300美元，在纽约开了一家商品售价全是5美分的零售店，曾经全天营业额还不到1.5美元，不久后便经营失败。以后他又陆续开了4个店铺，有3个店完全失败。就在他几乎丧失信心的时候，他的母亲来探望他，紧紧握住他的手，说：“不要绝望，总有一天你会成为富翁的。”在母亲的鼓励下，伍尔沃夫面对挫折毫不气馁，更加充满自信地开拓经营，最终一跃成为全美一流的企业家，建立了当时世界第一高楼——纽约市有名的伍尔沃夫大厦。

其实不只是伍尔沃夫，几乎所有白手起家的创富者，都有一个共同特点，那就是具有积极的心态。他们运用积极的心态去支配自己的人生，用乐观的精神去面对一切可能出现的困难和险阻，从而保证了他们不断地走向成功。而许多一生潦倒者，则普遍精神空虚，以自卑的心理、失落的灵魂、失望悲观的心态和消极颓废的人生目的作前导，其后果只能是从失败走向新的失败，甚至是永驻于过去的失败之中，不再奋发向前。

福勒是美国路易斯安那州的一个佃农家庭的黑人孩子。他的家庭极其穷苦，福勒5岁时就开始干活，9岁就靠赶骡子挣钱了。这并不是什么特殊的事，穷人的家庭都这样，这些家庭认为他们的贫穷是命运安排的而并没有改善生活愿望。但小福勒的母亲是个优秀的农妇，她绝不这样认为，她知道贫困的家庭存在于一个繁华世界中，一定是有什么蹊跷的。于是，她说：“嗨，福勒，我不愿意听到你们说：这是上帝的旨意。不，圣经里的每一个字都想让我们富起来，你为什不去做一个出人头地的人呢？”这段话在福勒的心灵中刻下了深深的烙印，以致改变了他的一生。

“我要致富、我要出人头地！”福勒决定把经商作为生财的一条途径，最后他选择经营肥皂。于是他作为流动销售员叫卖肥皂达12年之久。后来他获悉供应他肥皂的那家公司将拍卖，售价是15万美元。当时他已存有25000美元，他与那家公司达成了协议。他先交25000美元保证金，然后在10天之内付清剩下的125000美元。如果10天之后付不出，他将同时丧失那笔作为自己全部储蓄的保证金。机会来了，但风险极大，然而福勒很积极地去做这件事并最后成功了。后来他是这样告诉别人的："我心中有数，即使当时的情况太冒险。我从客户、朋友、信贷公司和投资集团那里获得了援助。在第10天的前夜，我已筹集了115000美元，但还差10000美元。我怎么也没有办法了，真要命！那时已是深夜了，我在幽暗的房间里一遍又一遍地做祷告，渴盼奇迹出现。可是我知道奇迹之说是骗人的，于是毅然走出房门，我要再寻找，仔细地搜寻。夜已深了，我沿芝加哥61号大街走去。走过几条街后，我看见一所承包商事务所亮着灯光。我激动地走了进去。在那里，写字台旁坐着一个看起来因为经常熬夜工作而疲乏不堪的人。我一下子放松了许多。我好像有点认识他，我意识到自己必须勇敢些、再勇敢些。"

"'先生，您想赚1000美元吗？'我直接地进入谈话。"

"这话使得这位承包商吓得向后仰去，'是呀，亲爱的，'他答道。"

"我一听见'亲爱的'这个词，立刻就愉快起来。'那么，亲爱的，请给我开一张10000美元的支票；当我奉还这笔借款时，我将另付1000美元给你。'我对他诚恳地说。接着我把其他借我款的先生们的名单及签有亲笔字的借款单给他看，并详细地解释了我这次商业冒险的具体情况，他很感动，支持了我。这样，我就如期地支付了资金，有了这家公司，以后的一切都很自然地发展起来了。"

福勒先生最后向我们强调的，正是一定要树立你积极的心态。

有些人虽然有积极的心态，但一遇到挫折就会失去信心，他们不了解成功需要用积极的心态不断尝试。

我们创造了自己的环境——心理的、情绪的、生理的、精神的——我们自己的态度决定我们的人生。

积极的心态将使你成为强者、勇敢者、胜利者、成功者、英雄、圣者!

也许你现在已经确信一点，积极的心态与消极的心态一样，它们都能对你产生一种作用力，不过两种作用力的作用点相同，方向却相反，这个作用点就是你自己。为了获取人生中最有价值的东西，为了获得自己家庭的幸福和事业的成功，你必须最大限度地发挥积极心态的力量，以抵消消极心态的反作用力，让自己成为一个出类拔萃的人。

积极心态能挖掘潜能

你认为你行，你就行；你认为你能成功，你就能成功；你认为你能开发潜能，你就能开发潜能。

奥里森·马登讲过这样一个故事：

一个星期六的早晨，一位牧师正在为讲道词伤脑筋，他的太太出去买东西了，外面下着雨，小儿子又烦躁不安，无事可做。后来他随手拿起一本旧杂志，顺手翻一翻，看到一张色彩鲜丽的巨幅图画，那是一张世界地图。他于是把这一页撕下来，把它撕成小片，丢到客厅地板上，对小儿子说："强尼，你把它拼起来，我就给你两毛五分钱。"

牧师心想儿子至少会忙上半天，谁知不到十分钟，他书房就响起敲门声——儿子拿着拼好的图给他看，牧师惊讶万分，每一片纸都整整齐齐地排在一起，整张地图又恢复了原状。

"儿子啊，怎么这么快就拼好啦？"牧师问。

"噢，"强尼说："很简单呀！这张地图画的背面是一个人的图画。我先把人的图画拼起来，我想，假使人拼得对，地图也该拼得对才是。"

牧师忍不住笑起来，给了儿子一个两毛五的银币，"你把明天讲道的题目也告诉我了。"他说，"假使一个人是对的，他的世界也是对的。"

这个故事意义非常深刻：如果你不满意自己的环境，想力求改变，则首先应该改变自己；假如你有积极的心态，你所遇到的所有问题都会迎刃而解。

艾文·班·库柏是美国最受尊敬的法官之一，但他小时候却是一个懦弱的孩子。库柏在密苏里州圣约瑟夫城一个准贫民窟里长大，他的父亲是一个移民，以裁缝为生，收入微薄。为了给家里取暖，库柏常常拿着一个煤桶到附近的铁路去捡煤块。库柏为必须这样做而感到困窘，他常常从后街溜出溜进，以免被放学的孩子们看见了。但是，那些孩子还是会时常看到他，特别是有一伙孩子常埋伏在库柏从铁路回家的路上，袭击他，以此取乐。他们还常常把他的煤渣撒在街上。库柏总是生活在或多或少的恐惧和自卑之中。

有一次，库柏因为读了一本书，内心受到了鼓舞，从而开始在生活中采取了积极的行动。这本书是荷拉修·阿尔杰著的《罗伯特的奋斗》。

在这本书里，库柏读到了一个与他相似的少年的奋斗故事。那个少年遭遇了巨大的不幸，但是他以勇气和道德的力量战胜了自我。库柏也希望拥有这种勇气和力量。

此后，他读了他所能借到的每一本荷拉修的书。当他读书的时候，他就自动进入了故事中。整个冬天他都坐在寒冷的厨房里阅读。勇敢和成功的故事，不知不觉地激励了他积极的心态。

在库柏读了那本荷拉修的书之后一个月，他又到铁路上去捡煤渣。突然，他发现与他隔开一段距离的地方，有三个人向他飞奔而来。他最初的想法是转身就跑，但很快地记起了他所钦羡的书中主人公的勇敢精神，于是他把煤桶握得更紧，一直向前大步走去，犹如他是荷拉修书中的一个英雄。

那是一场恶战。那三个男孩子一起冲向库柏，库柏丢开铁桶，坚强地挥动双臂进行抵抗，这三个恃强凌弱的孩子大吃一惊。库柏的右手猛击到一个孩子的嘴唇和鼻子，左手猛击到这个孩子的胃部。这个孩子便停止打架，转身溜了，这也使库柏大吃一惊。同时，另外两个孩子正在对他进行拳打脚踢。库柏设法推走了一个孩子，把另一个打倒，用膝盖猛击他，而且发疯似的揍他的腹部和下巴。而被推开的那个是孩子头，他已经跳到库柏的身上，库柏用力把他又推到一边，站起身来。大约有一秒钟，两个人就这么面对面站着，狠狠瞪着对方，互不相让。

后来，孩子头一点一点地退后，然后拔腿就跑。库柏出于一时气愤，又拾起一块煤朝他扔去。

这时，库柏才发现自己的鼻子在流血，身上也青一块、紫一块，但这是他一生中最重要的一天——他已经克服了恐惧。

库柏并不比那三个少年强壮多少，不同的是他的心态已经有了改变，他已经学会克服恐惧，不怕危险，再也不愿受坏蛋欺负。从那时开始，他告诉自己要改变自己的环境，他果然做到了。

运用积极心态，库柏战胜了懦弱，战胜了恐惧，最终成了全美最受尊敬的法官之一。通过运用积极心态，库柏还取得了比这更大的成就——将隐形护身符翻到了积极心态的一面，这是他最终能获得成功的秘诀。

积极心态该如何培养

奥里森·马登认为，对于一个坚定的成功者而言，积极心态是走向成功的必要条件之一，不过，为了培养积极心态，奥里森·马登指出，必须遵循以下的步骤：

放弃悲观心态，无论对自己还是朋友

你只要抱定乐观主义，必定会是实事求是的现实主义者，这样，乐观主义和现实主义这两种原则，便成为解决生活与工作问题的孪生兄弟。

最不足以交往的朋友，是那些悲观主义者和一些只会取笑他人的人。真正的朋友，应该是那种说“没有什么大不了，只是有些不方便而已！”的人。

你帮助朋友时，不要仅仅是去分担他或她的痛苦，或说些愚昧的话，如果要建立亲密关系，你和你的朋友必须有共同的人生价值和目标。

多了解他人的痛苦与不幸，是十分有益的

情绪低落时，你不妨去访问孤儿院、养老院、医院，看看世界上除了自己的痛苦之外，还有多少不幸的人。

如果情绪仍不能平静，你不妨积极地去和这些人接触，深入他们的生活，和他们同喜同忧。

当然，和孩子们一起散步或者做游戏，也是一个调整自己情绪的好办法。

努力把你不好的情绪，转移到帮助别人身上，并重建自己的信心。

通常只要改变一下环境，就能改变自己的心态和感情。

把生活变得轻松愉快

不要去看早上的电视新闻。你只要浏览一下《华尔街日报》第一版的新闻就足够了，它足以让你知道将会影响你生活的国际或国内新闻。

不妨看看与你的职业及家庭生活有关的当地新闻。

不要经不起好奇的诱惑而浪费时间去阅读别人悲惨的新闻。

开车上学或上班途中，听听电台的音乐或自己的音乐CD。

如果可能的话，你也可以和一位持积极心态的人共进早餐或午餐。

晚上不要坐在电视机前，要把时间花在你所爱的人身上，比如和他们聊聊天。

改变你的习惯用语

不要说“我累坏了”，而要说“忙了一天，现在真轻松”。

不要说“你们怎么不自己想想办法”，而要说“我知道我将会怎么办”。

不要总是在集体或组织中抱怨不休，而要试着去赞扬每一个人。

不要说“为什么偏偏找上我，上帝啊”，而要说“上帝，考验我吧”。

不要说“这个世界简直就是乱七八糟”，而要说“我得先把自己家里收拾好”。

要学会正视危机

龙虾的生命历程可以是你学习的榜样。龙虾在某个成长的阶段里，会脱掉外面那层具有保护作用的硬壳，因而很容易受到敌人的伤害。这种情形将一直持续到它生长出新的外壳为止。

生活中发生某些变故是很正常的。每一次发生变化，你总会遭遇到陌生及预料不到的意外事件。只是，发生变化时，你不能躲起来，使自己变得更懦弱。相反，要敢于去应付危险的状况，对你未曾见过的事物，要培养出坚定的信心。

重视你的生命

碰到不幸或是痛苦时，千万不要说："只要吞下一口毒药，就可获得解脱。"

你不妨这样去想，乐观将协助我渡过难关。

你所交的朋友，你所去的地方，你所听到或看到的事物，全都记录在你的记忆中,由于头脑在指挥身体的行动，因此,你不妨进行一些高级的和乐观的思考。

从事有益的娱乐和教育活动

你不妨看看那些介绍自然美景、家庭健康及文化活动的媒体。

观看电视节目或电影时，要根据它们的质量与价值来决定取舍，而不是注意其商业价值或是某种突然而起的轰动效应。

尽量表现你身体的健康

在幻想、思考或是谈话中，你应尽量表现出你身体的健康。

你应该每天都对自己做积极的自言自语，不要老是想着一些小毛病，像感冒、头痛、刀伤、擦伤、抽筋、扭伤以及一些小伤病等。如果你对这些小毛病太过注意，它们将会成为你最好的朋友，经常来“问候”你。

你脑中想些什么，你的身体就会表现出来。所以，要专门想着家庭的好处，注意整个家庭的健康环境。在抚养及教育孩子时，这一点特别重要。有一些父母，似乎比其他人更关心孩子的健康与安全，殊不知，他们这样反而会使他们的孩子变成精神病患者。

不妨随时向他人传达你的积极心态

在你生活或工作中，只要可能或是方便，就写信、拜访或打电话给现在需要帮助的每一个人。

向他人显示你的积极心态，并把你的积极心态传给别人。

让自己有信仰

根据一份对美国青少年滥服药物所作的研究报告，不服用任何药物的正常年轻人，他们生活中的三大支柱就是：宗教信仰、良好的家庭关系以及高度的自尊心。

毫无疑问，某种坚定的信仰或是牢固的精神支柱，对于积极心态的保持乃至事业的成功，都十分重要。

摆脱消极心态的干扰

我们必须面对这样一个奇怪的事实：在这个世界上，成功卓越者少，失败平庸者多。成功卓越者活得充实、自在、潇洒，失败平庸者过得空虚、艰难、猥琐。

奥里森·马登认为，失败平庸者多，主要是心态观念有问题。遇到困难，他们只挑选容易的倒退之路。“我不干了，我还是放弃吧。”结果陷入失败的深渊。成功者遇到困难，怀着挑战的意识，用“我要！我能！”“一定有办法”等积极的意念鼓励自己，这样便能促使自己想尽办法，不断前进，直至成功。爱迪生试验失败几千次，从不退缩，最终成功地创造了照亮世界的电灯。

成功者从成功中获得更多的信心，失败者从失败中得到更多的恐惧和借口，积极行动的积累，可以造就伟大的成功；消极言行的累积，足以让人万劫不复。

如何才能摆脱消极心态的干扰呢？你必须明白以下问题：

成功只在一念之间

仔细观察比较成功者与失败者的心态，尤其是关键时候的心态，我们就会发现“一念之差”导致惊人的不同结局。

在推销员中，广泛流传着一个这样的故事：

两个欧洲人到非洲去推销皮鞋。由于天气炎热，非洲人向来都是打赤脚的。第一个推销员看到非洲人都打赤脚，立刻失望起来：“这些人都打赤脚，怎么会要我的鞋呢？”于是他放弃努力，沮丧而回。另一个推销员看到非洲人都打赤脚，惊喜万分：“这些人都没有皮鞋穿，这里的皮鞋市场大得很呢。”于是想方设法，引导非洲人购买皮鞋，结果发了大财。

这就是一念之差导致的天壤之别。同样是非洲市场，同样面对打赤脚的非洲人，由于一念之差，一个人灰心失望，不战而败；而另一个人信心满怀，大获全胜。可见，要改变失败的命运，就要改变消极错误的心态。永远记住：一念之差决定成败。

来看这样一个故事：

塞尔玛陪伴丈夫驻扎在一个沙漠的陆军基地里，她丈夫奉命到沙漠里去演习，她一人留在陆军的小铁皮房子里，天气热得受不了——在仙人掌的阴影下也是华氏125度。没有人能和她说话，只有墨西哥人和印第安人，而他们不会说英语。她太难过了，就写信给父母，说要丢开一切回家去。她父亲的回信只有两行字，却永远留在她心中，完全改变了她的生活：

两个人从牢中的铁窗望出去，

一个看到泥土，一个却看到星星。

塞尔玛反复地读这封信，觉得非常惭愧。她决定要在沙漠中找到星星。

塞尔玛开始和当地人交朋友，他们的反应使她非常惊奇，她对他们的纺织、陶器表示感兴趣，他们就把最喜欢的、舍不得卖给观光客人的纺织品和陶器送给了她。塞尔玛研究那些引人入迷的仙人掌和各种沙漠植物，又学习了有关土拨鼠的常识。她观看沙漠日落，还寻找海螺壳，这些海螺壳是几万年前、这沙漠还是海洋时留下来的……原来难以忍受的环境变成了令她兴奋、留连忘返的奇景。

是什么使这位女士内心有了这么大的转变?

沙漠没有改变，印第安人也没有改变，但是这位女士的念头改变了，心态也就改变了。一念之差，使她把原先认为恶劣的情况变为一生中最有意义的冒险。她为发现新世界而兴奋不已，并为此写了一本书——《快乐的城堡》。她从自己造的牢房里看出去，终于看到了星星。

抛开借口症的虚伪和危害

社会中因各种借口造成的消极心态，就像瘟疫一样毒害着我们的灵魂，并且互相感染和影响着，极大地阻碍着人们正常潜能的发挥，使许多人未老先衰，丧失斗志，消极处世。

然而，正象任何传染病都可以治疗一样，“借口症”也是可以想办法克服的。办法之一就是用事实将借口和理由一一驳倒，使它没有脸面、没有理由在我们心中立足。

消除恐惧与忧虑

恐惧与忧虑，人人都或多或少有过，程度轻微时，我们可能看不出它们的危害。实际上，任何恐惧和忧虑都会侵蚀和破坏我们的积极心态，妨碍我们的行为果断。只有当我们战胜恐惧，战胜忧虑，并利用它们为我们服务时，恐惧和忧虑才可以变害为利。比如我们担心失败，但我们有信心战胜恐惧与忧虑，我们做更大的努力，采取更细致妥善的规划、谋略和行动去争取成功，这样我们就控制了恐惧和忧虑。

不受控制的恐惧和忧虑对我们危害很大，它会扰乱我们的心理平衡，并会导致某些生理问题，如忧郁、失眠、神经衰弱等。严重的恐惧和忧虑，会使人理智混乱，产生严重的心理和生理病态。长期的恐惧和忧虑会使一个优秀的人变成一个平庸无能的失败者。只有战胜恐惧和忧虑，我们才能平安、幸福、成功卓越。

那么，对恐惧我们应该如何做呢？

（1）“恐惧衍生于无知。”这是卡耐基引用一位大哲学家的话。这话可以帮助我们战胜恐惧和忧虑：你担心害怕什么，你就采取行动去了解它，看清它的本来面目，然后用行动击溃它，战而胜之。但是必须借助积极成功的心态来武装自己：我要战胜它！我能战胜它！我一定能战胜它！成功积极的心态使人坚强无比，可以克服任何恐惧。

（2）不要说“人言可畏”。人们常常害怕流言，不但忧虑而且恐惧。“人家会怎么说呀！”“人言可畏！”“众口铄金！”“千夫所指，无疾而亡！”这些都似乎说明人的言论确实令人害怕，我们似乎只好恐惧忧虑了。

流言为什么令人害怕呢？主要原因大概是流言可能会使我们失去面子、失去自尊，受到攻击，受到威胁等。注意，是“可能会”，事实上并非如此。

就我们内心来说，除非自己不相信自己，谁能不经我们同意就打倒我们呢？请仔细品味这句话的意思。

流言大概有三种，一种是基于正确客观的，一种是以讹传讹的误会，一种是恶意的挑衅中伤，夸大事实的诽谤。最后一种流言，其实反映了流言传播者的消极心态及虚弱和害怕心理。持积极心态的成功者是不会去中伤诽谤他人的。

不管哪种流言，其实都不可怕。林肯任美国总统期间，曾受到许多流言的攻击。如果害怕这些流言，他这个总统就不要当了。他是如何对待人言的呢？他说："如果结果证明我是对的，那么人家怎么说我，就无关紧要了，如果结课证明我是错的，那么即使花十倍的力气来说我是对的，也没有什么用。""我尽我所知的最好办法去做——也尽我所能去做。而我将一直这样把事情做完。"

害怕流言毫无作用，唯有尽力去做，去行动，才是战胜流言恐惧的最佳办法。美国名将麦克阿瑟和英国首相邱吉尔，都曾把林肯的上述名言挂在办公室的墙上。

舌头长在别人嘴里，笔杆握在别人手上，别人爱怎么说爱怎么写，我们是无法控制的，但是，脑袋长在自己身上，我们可以控制我们自己的心态反应，可以控制我们的行为方式。按照自己的志向，努力提高素质，掌握人性的弱点和与人交往的技巧，战胜一切困难，争取成功和卓越，这就是对一切流言的最好回答。

当流言影响到我们的成功时怎么办？那就采取行动——策略指导下的行动。对流言最无价值的反应就是恐惧和忧虑。而恐惧和忧虑本身才是真正伤害自己的。

社会上有种现象很可笑：你无能，什么事都不做，人家要说你；你追求成功卓越，人家也要说你，甚至找岔子说你。从我们自身的利益来说，成功卓越会带给我们财富和幸福，既然流言始终存在，与其忍受人家说你无所事事，倒不如让人批评你追求成功。

流言不可怕，可怕的是我们自己不走自己的路。任何恐惧和忧虑都不能改变现实，只能给我们增添麻烦、压力和障碍。只要积极地采取行动，恐惧和忧虑就会退缩。

不过，彻底战胜和清除恐惧与忧虑，还要针对具体情况，采取积极的行动。假如你，害怕去公开谈话或演讲，唯一克服这种恐惧的办法就是去进行公开谈话或演讲实践。

奥里森·马登成功学的一个重要内容，就是通过协助人们进行公开谈话，帮助他们战胜恐惧，增强信心。这个方法非常有效，帮助了成千上万人改变了心态，改善了人生。因为人一旦能克服在一群人面前发表公开谈话的恐惧，那么他也容易克服其他场合下的恐惧。

这个课程的具体做法是：帮助学员认识公开谈话的实质、特点以及技巧，帮助学员认识到害怕公开谈话的原因，是因为准备不好和缺乏经验，然后鼓励学员改变心态，以积极肯定的方式鼓励和协助学员在安全的环境下上讲台进行反复的练习，直至他能够自信地发表公开谈话。获得成功经验后，原先的恐惧便自然而然地被战胜了。

由于忧虑是一种慢性恐惧症，因人而异涉及的具体问题较多，有不少专著对其进行了较详细的分析。戴尔·卡耐基的《人性的优点》及《快乐的人生》是指导克服忧虑的非常出色的书。这里简单介绍其中一些克服忧虑的原则：

用铁门把过去和未来隔断，生活在完全独立的今天。

解决忧虑的基本公式：

①你问自己：可能发生的最坏情况是什么？

②如果你必须接受的话，就准备接受它。

③然后很镇定地想办法改善最坏的情况。

忧虑的人要让自己保持心静。

看看以前的记录、平均率，不要为几乎不可能的事担忧。

经常休息，防止疲劳造成的忧虑。

克服忧虑，要抓住三个要点：一是认清忧虑的危害，忧虑不能解决任何问题，反而浪费时间，伤害自己的自信；二是对所忧虑的事情进行分析，并从中找出解决问题的方法；三是采取行动，人一旦采取行动，忧虑就会不战而败。对于忧虑的人，工作是一种良药。

下面是一些挣脱消极心态的方法：

①认识到家庭、学校和社会的教育可能是不健全的，可能存在相当多的消极因素。依靠自己，提高分析辨别能力，择善而从。教育与训练决不能被动地依靠家庭、学校和社会。

②提高辨别积极心态和消极心态的能力，关键在于多学习，观察成功卓越人物的思想，心态和行为方式，以及他们的成功经历和成功技巧（本书是介绍成功人物和成功知识的书籍之一）。同时对照生活中的失败平庸者，观察思考他们的心态与行为，想想他们为什么会失败？把成功的卓越人物与失败的平庸者的心态进行对照比较，可使你洞察是非，增强抵制消极失败心态的能力。

③增加个人的成功体验，增强自信心。

④只以成功者为榜样，不向失败者学习。尽可能选择具有积极氛围的环境，选择积极乐观的朋友。回避细菌感染，是保持健康心理的一个重要方法。

⑤你想改变消极环境，必须先提高自己，建立牢固的自信心基础。当今社会有一种好现象：大量青壮年农民离开落后贫穷的土地到发达地区去打工。不少有志气的人经过几年打工训练，赚了钱也学了本事，又会回到家乡办企业。先离开消极环境，救出自己，树立牢固的成功积极心态后，再去影响和改造消极的环境，这也是落后地区走向进步的一条重要途径。

⑥对照成功的知识，接受成功训练，从小事开始，增加成功的实际体验，不断提高自己的能力和素质。

⑦进行提高自信心的训练，增强对消极心态的免疫能力。

一个人若有消极思想作祟，内心就会沉寂畏缩，热情被压抑在心中，不再相信自己的能力，总是自怨自艾，这样的人怎么能成大事呢?所以，我们必须认真审视自己，发现有消极情绪就努力消除它，充实自己的内心，发挥自身的精神力量。这样，你才能取得成功!

别为打翻的牛奶哭泣

奥里森·马登认为，对任何人来说，失败都很难避免，与其在失败后后悔不迭，倒不如从失败中总结出教训，然后坚强地站起来，发愤上进，如此，成功迟早会来到你的身边。相反，如果你只是一味地自责、懊恼，活在失败的阴影里，那你就永远也无法逃离失败的魔爪。

奥里森·马登的观点正好和这样一句谚语不谋而合：别为打翻的牛奶哭泣。

是的，牛奶已经打翻了，再怎么悲伤哭泣也无济于事，牛奶不会再跑回杯子里。但如果因为今天打翻了的这杯牛奶，我们以后再不打翻牛奶，不再犯类似的错误，那么，即使打翻一盘牛奶也值。

生活中，难免会发生一连串意想不到的失误，从而把事情搞得一团糟。这时，一味地怨天尤人，把火气发在别人身上，不仅挽回不了原有的损失，反而可能造成更加严重的后果。这种损失或者说失败，我们可以套用上面那个谚语，将其称为“打翻的牛奶”。关于这个名词，还有这样一个故事：

某天的晨会上，主管把一瓶牛奶放在讲桌上，大家都安静下来，望着那瓶牛奶，不知道它和这次的会议有何联系？

过了一会儿，主管突然站了起来，一巴掌把那瓶牛奶打翻了，所有的同事都惊呆了，主管大声叫道：“不要为打翻的牛奶哭泣！”

然后，他把所有的同事叫过去：“好好看看，我希望大家能一辈子记住这一次晨会，这一瓶牛奶现在已经全部漏光了，无论你怎么着急，怎么抱怨，都没有办法再救回一滴！事前，只要先用一点点思想，加以预防，它就不至于被打翻。可是现在来不及了，我们能做的只是尽快把它忘掉，集中精力注意下一件事。”

曾经有一位精神病专家，在精神病学界有很高的声誉。他曾这样说过：“我有许多病人，把时间花在缅怀以往上，后悔当初该做而没做的事……”

是啊。在后悔的海洋里打滚，是人们的通病，更是对精神的严重损耗。要是我们都只是活在后悔的海洋里，何来目标，何以奋斗？怎么去改正它呢？简单点说，只要抹去那些“要是早知道”“如果当初”之类的词汇，改用“下次”。只要能坚定地对自己说：“下次如果有机会我应该这样做……”那么，你对失败的感觉就会轻松很多。

说穿了，还是那句老话——世上没有后悔药可吃！

在这一方面，美国著名心理学家谢灵顿的经历是一个很好的例子。

谢灵顿年青时曾经是一个街头恶少，人们称他“坏种”。开始，他并不以为耻，毫无悔过之心。可是有一次，他向一位他深深爱慕的挤奶女工求婚，那女工说：“我宁愿投河淹死，也绝不嫁给你这恶少！”

谢灵顿因此无地自容，羞愧万分，从此幡然悔悟。他发誓：将要以辉煌的成就出现在人们面前。于是他怀抱发愤的志向，悄悄离开了那位姑娘，也彻底埋葬了旧我。后来由于他刻苦钻研，在中枢神经系统生理学方面硕果累累，先后在英国多所名牌大学任教授，并于1932年获诺贝尔生理学、医学奖。

谢灵顿的确“打翻过牛奶”，犯过错误，他肯定也自责、后悔，但他没有将自己的一生都用在自责和后悔上，而是用行动证明了自己：我绝不会在同一个地方摔倒两次！这才是一个强者应有的态度！

过去的就让它过去吧，从失败中总结教训，未来掌握在自己手中，千万不要为“打翻的牛奶哭泣”。

要是我们都能用一种积极乐观的心态面对失败，迅速地重新上路，那么，我们都可能会取得好的成绩。

丰富心智以保持心态积极

一个人拥有正确的心态，就会创造不同凡响的奇迹。善于处理危机的自我创富者，往往都能在成功之路上创造各种有利于自己的条件，而不是死死抱住自己原有的势力范围。奥里森·马登说过：“善用你的积极心态，不要让消极的东西占据你的脑袋。”

奥里森·马登曾举过样一个例子：

爱达华州有两个农夫辛普森和茨威格，他们各自经营着自己的农场，以种植马铃薯为主。这两个并不满足种植马铃薯的农夫认为，每个人都可以创造自己的市场，而无需抢夺他人的市场。这种积极的心态，使辛普森创立了冷冻食品公司——辛普森公司，并成为麦当劳连锁店马铃薯的主要供应商；茨威格则创立了奥爱食品公司。

这两人成功的原因都是拥有“丰富心智”，他们深信自然与人性资源足以实现任何梦想；我的成功不全然是别人的失败，别人的成功也不会剥夺我的机会。

根据诊断企业和个人的经验，奥里森·马登观察到，丰富心智会消除狭隘的想法和敌对关系，而卓越与平庸的分歧也在此。

奥里森·马登的一生也经历了许多丰富与贫乏心智的挣扎。当拥有丰富心智时，他相信别人，且开朗、肯施舍，愿意和别人共同生活，能够欣赏彼此的成就。因为他察觉到力量的泉源在于差异，个体并非一模一样，每个人都应该取长补短。

有丰富心智的人，注重互利原则，沟通时会先求了解别人，再求被人了解，心理上的满足并非来自击败他人，或与他人比较。这些人没有占有欲，不要求他人照自己的话做，其安全感并不建立在别人的意见上，而来自于自身。

丰富心智来自内在的安全感，而不是外在的排名、比较、意见、拥有或关系。如果自身的安全感是从这些俗务而来，那这些俗务就会影响到我们的生活。

“贫乏心智”的主张者认为机会是稀少的，若同事获得升迁，朋友得到认同或有重大成就，自己的安全感或自我身份即受到威胁，即使口头上赞誉有加，内心却是痛苦不堪。这些人的安全感是由他人比较而来，而不是来自自然法则与原则的信仰。

越坚持以原则为重心，越能培养丰富心智：愿意与他人分享权力、利润和认同，也越能为他人的功成名就感到自豪。别人的成就对自己的影响是正面的，而非负面的。

丰富心智主张者奥里森·马登，为我们指出丰富心智的七项特征：

回归正确的来源

丰富心智的人能从内在安全感的泉源中汲取动力，并保有平和、开朗、信任的性格特点，为他人成就而自豪。重新开展、塑造自己的生命，培养丰富的感情，以滋长舒适、内省、期望、指导、保护和宁静的心灵。他们期待回到心灵的泉源。缺少这方面的滋润，甚至只工作数小时，也会产生退缩症状，好像身体缺乏水和食物一样。

寻找孤寂，享受自然

丰富心智的人会保留时间，寻找独处的机会；心智贫乏的人，由于本性喜欢喧嚣，独处时往往感到寂寞。其实，人应该培养独处的能力、深思、享受宁静与孤寂，常常反省、写作、聆听、准备、想象、放松等。

自然界有许多宝贵的东西可以充实我们的心灵感受，静谧的自然环境让人深省、心境平和，能为重返步调紧凑的生活做好准备。

每天锻炼心智与体能，以保持身心巅峰

在心智方面，我们建议培养广泛且深入阅读的习惯。加入培养主管的训练课程，再慢慢地增加纪律与责任感。若能不断充实自己，经济上的安全感就不会依附在工作、老板的意见或人为制度上，而是靠自己的生产能力。未决难题是个庞大的未知市场，对有创见的人和能为自己创造价值的那些人而言，这里永远充满机会。

波勒在《无限的主管机会》中认为，无法经常养精蓄锐的人，不但会发现自己的刀锋迟钝，而且会变得陈腐不堪，为生存只好小心翼翼，采取防卫手段，为自己打上一副金手铐。

乐意为他人服务

为了培养内在安全感，有些人愿意尽力服务他人，不求名利。与日俱增的内在安全感与丰富的心智，就是他们最好的回报。

与别人维持长期良好关系

在我们失去信心时，配偶或亲密伙伴仍会关爱并相信我们。心智丰富的人会与许多人维持这种关系，当察觉到某人正在十字路口彷徨时，就会不辞辛苦地表达对其的信任。

宽恕自己与他人

心智丰富的人不会为自己的愚蠢行为或社交过失而自责，也不会在意他人的莽撞。过去或明天的梦想不是他所关切的，这些人很理性地活在现在，仔细规划未来，并灵活面对变动的环境；充满幽默感、坦承错误并学着宽恕，满怀喜悦去做能力范围内的工作。

解决难题

这些人就是答案的一部分，知道如何将人与问题分开，把精神摆在整体利益上，而不在立场上争辩。别人会慢慢察觉他们的诚意，合力为解决问题贡献心力。在这种交心过程中产生的解决方案，比妥协、折中的方案好得多。

第六章

你靠什么吸引别人

给别人留下良好印象

做人做事，讲究给人良好的印象，而礼仪着装决定着你给别人的第一印象。

一个人给人的初次印象几乎都是视觉上的，如表情、姿态、身材、仪表、年龄、服装等。在我们真正了解一个人之前，我们早在第一眼看到他时，就形成了对他的初步看法，即所谓先入为主。例如，学校里对新来的导师、新来的插班生，单位里对新来的上司、新来的同事，介绍对象的第一次见面等，第一印象都会起很大的作用，所以，一个善于交际的人很重视自己给别人的第一印象。

那么，怎样给别人留下良好的第一印象呢？奥里森·马登认为，应该从以下几点做起：

留意你的穿着

人常说，“先敬衣装后敬人”，从道德上说是不公正的，但面对现实的社会观念，我们尚无法改变。因为要对方了解你的内在美尚需一段时间，而体现一个人个性的着装却一目了然。

留意你的穿着，并不是叫你穿上最流行、最时髦的衣服，而是希望你穿得干干净净、整整齐齐，至于衣服是新是旧，质料是好是坏，并不是主要问题。

美国有许多家大公司对所属雇员的装扮有“规格”，这规格不是指要穿得怎么好看，而是人们观感的水准。有一本书叫《应酬之道》，其提出在与人见面前应注意的事项：

鞋擦过了没有？

裤管有没有痕？

衬衣的扣子扣好了没有？

胡须刮了没有？

梳好头没有？

衣服的皱褶是否注意到？

乍一听似乎可笑，事实上，这些小打扮会给人留下深刻的印象，而整洁的着装总能给人一种信赖感。

展现你的风度

与衣着紧密相连的是人的风度。如果说衣着是一个人的审美力的反映的话，那么风度则是一个人的性格和气质的反映。有的人性格开朗，气质聪慧，风度则往往潇洒大方；有的人性格豪爽，气质粗犷，风度则往往豪放雄壮；有的人性格沉静，气质高洁，风度则温文尔雅；有的人性格温柔，气质恬静，风度则秀丽端庄。风度是性格和气质的外在表现，属于一个人的外部形态，是由一个人的言谈举止所构成的。与心灵相对而言，风度是人的一种形式，也是感受形式美的眼睛最先接触到的。因此，风度的好坏，不仅可以看到一个人的文明程度，还可以部分地看到一个人的美丑。如果举止轻浮，言谈粗鄙，待人接物玩世不恭，甚至粗暴狂躁，那就不是文明礼貌的表现。

风度不是靠摹拟得来，更不是装腔作势的结果，而是一个人心灵美的外在表现，是在长期的社会实践中所形成的良好性格、气质的自然流露。美的风度，关键在于各人在实践中培养自身的美的本质，形成美的心灵。古人早就说过：“诚于中而形于外。”心里诚实，才有老实的样子，心不诚实迟早要被人看破的，更何况风度这种外在美是没法装得像的。当然，人的风度是多样的，不能强求一律。风度的多样性是以人的性格、气质的多样性决定的。但是，无论性格、气质的多样性也好，还是风度的多样性也好，都应当体现出人的美的本质。只有美的心灵，美的性格、气质，才能有美的风度。

提高你的修养

我们强调“第一印象”在取悦中的重要作用，但这仅仅是一种首要效应，并不是本质的、内在的、不可改变的。

第一，双方初次见面所获得的印象只是一些表面特征，不是内在的本质特征，所以单凭第一印象作为继续交往的基础是不牢固的。如一些男女青年初次见面时，往往是凭仪表、长相而一见钟情，不考虑对方的人性态度、个性品质而草率结婚。事实证明，这是靠不住的，往往会留下后患，最后甚至导致感情破裂。

第二，第一印象不是无法改变的，随着时间的推移和交往的增加，对一个人的各方面情况会越来越清楚，从而可以改变第一次见面时留下的印象。

第三，即使是第一印象的展示，也反映了人的个性品质，归根结底，它是一个人平时长期修养的结果。没有平时良好的修养，即使主观上想给人留下一个好印象，也往往是东施效颦、装模作样，反而令人生厌。

“良好的第一印象是登堂入室的门票”，如果你给对方的第一印象有错觉的话，比较难以修正。即使能修正过来，也要花费很长时间，很大力气，所以，还是在平时注重养成吧！

养成善于倾听的习惯

专心地听别人讲话，是我们所能给予别人的最大赞美，也是赢得别人喜欢的有效方式，因为聆听是世界上最动人的语言。

奥里森·马登曾说过这样的话："你倾听的越久，对方就会越喜欢你，据我观察，有些推销员喋喋不休，却只让客户心烦意乱。上帝为何给我们两个耳朵一张嘴，我想，意思就是让我们多听少说。"

要赢得别人的好感，在人际交往中，切不可永远把自己当作主体，一切以自我为中心，一味地口若悬河，硬将自己的观点施加给对方，这样做的结果只能是徒费口舌，让人生厌。

倾听的作用

大多数人，想让别人同意自己的观点时，往往话说得太多，尤其是产品推销员，常做这种得不偿失的事情。从现在起，尽量让对方说话吧，他对自己的事业和他的问题，了解得比你多。

如果你不同意他，你也许很想打断他。奥里森·马登指出，千万不要那样，那样做很危险。当他有许多话急着说出来的时候，他是不会理你的。因此，你要耐心地听，抱着一种开放的心胸，让他充分地说出他的看法。

如果你要得到仇人，就表现得比你的朋友优越吧；如果你要得到朋友，就要让你的朋友表现得比你优越。

这句话是事实。当我们的朋友表现得比我们优越，他们就有了一种重要人物的感觉；当我们表现得比他们还优越，他们就会生出一种自卑感进而产生羡慕和嫉妒。

我们应该谦虚，因为你我都没什么了不起。生命是如此短暂，请不要在别人面前大谈我们的成就，使别人不耐烦，我们要鼓励他们谈谈他们自己才对。你知道是什么东西使你没有变成白痴吗？那就是倾听，我们没有什么值得向别人夸夸其谈的东西。

因此，如果你要别人同意你的观点，应遵循的规则是："使对方多多说话。"试着去了解别人，从他的观点来看待事情，就能创造奇迹，使你得到友谊，减少摩擦和困难。

由此可见，倾听能使人获得如下收益：

（1）使他人得到尊重。

根据人性的知识，我们知道，人们往往对自己的事更感兴趣，对自己的问题更关注，更喜欢自我表现。一旦有人专心倾听他们谈论自己时，就会感受自己被重视。

卡耐基曾说：专心听别人讲话的态度，是我们所能给予别人的最大赞美。不管对朋友、亲人、上司、下属，倾听都有同样的功效。

倾听他人谈话的好处，是别人将以热情和感激来回报你的真诚。

（2）增加沟通效力。

任何人如果只顾自己一个劲地说产品如何如何好，而不能学会倾听的话，他就无法了解顾客，推销的效率就会降低，甚至令人讨厌。一个成功的推销员说过：有效的推销是自己只说三分之一的话，把三分之二的话留给对方去说，然后，倾听。倾听使你了解对方对产品的反映以及购买产品的各种顾虑、障碍等。只有当你真实地了解了对方，你的人际沟通才能有效率。

人们都喜欢自己说，而不喜欢听别人说，常常在没有完全了解别人的情况下，对别人盲目判断，这样便造成人际沟通的障碍、困难，甚至产生冲突和矛盾。

（3）减除他人压力。

身为美国总统的林肯，心中有来自多方面的压力。他把他的一位老朋友请到白宫，让他倾听自己的问题。

林肯和这位老朋友谈了好几个小时。他谈到了发表一篇解放黑奴宣言是否可行的问题。林肯一一讲解这一行动可行和不可行的理由，然后把一些信和报纸上的文章念出来。有些人怪他不解放黑奴，有些人则因为怕他解放黑奴而骂他。

在谈了数小时后，林肯跟这位老朋友握握手，甚至没问他的看法，就把他送走了。

这位朋友后来回忆说：当时林肯一个人说个不停，这似乎使他的心境清晰起来。在说过话后，他似乎觉得心情舒畅多了。

当时遇到巨大麻烦的林肯，不是需要别人给他以忠告，而只是需要一个友善的、具有同情心的倾听者，以便减缓心理压力，解脱苦闷。这就是我们碰到困难所需要的。心理学家已经证实：倾听能减除心理压力，当人有了心理负担和问题的时候，能有一个合适的倾听者是最好的解脱办法之一。

你帮了别人的忙，解除人家的困境，当你需要的时候，别人就会随时感恩报德。

（4）解决矛盾冲突。

一个牢骚满腹，甚至最不容易对付的人，在一个有耐心、同情心的倾听者面前，都常常会软化，变得通情达理。

某电话公司曾碰到一个凶狠的客户，这位客户对电话公司的相关工作人员破口大骂，威胁要拆毁电话。他拒绝付某种电信费用，他说那是不公正的。他写信给报社，还向消费者协会提出申诉，到处告电话公司的状。

电话公司为了解决这一麻烦，派了一位最善于倾听的“调解员”去会见这位无事生非的人。这位调解员静静地听着这位暴怒的客户大声地“申诉”，并对其表示同情，让他尽量把不满发泄出来。三个小时过去了，调解员依然非常耐心地听着他的牢骚。此后，他还两次上门继续倾听客户的不满和抱怨。当调解员再次上门时，那位已经息怒的顾客把这位调解员当作最好的朋友看待了。

由于调解员利用了倾听的技巧，友善地疏导了暴怒顾客的不满，尊重了他的人格，并成了他的朋友，于是这位凶狠的客户也通情达理了，自愿把所有该付的费用都付清了。矛盾冲突就这样彻底解决了，那位顾客还撤销了向有关部门的申诉。

（5）摆脱自我。

每个人都有他的长处和短处，倾听将使我们取人之长，补己之短，同时防备别人的缺点错误在自己身上出现。这样便能使自己更加聪明。

当你把注意力集中到倾听和理解对方的时候，你便会很容易地摆脱人们比较讨厌的“自我”的纠缠。这样，你便成了一个备受欢迎的谦虚的人。

（6）保守秘密。

当你说话过多时，就有可能把自己不想说出去的秘密泄露出来。这对某些人来说将会带来不良后果。做生意谈判时，有经验的生意人常常先把自己的底牌藏起来，注意倾听对方的谈话，在了解对方情况后，才把自己的牌打出去。

倾听的技巧与要领

（1）集中注意力。

如果你没有时间，或出于别的原因不想倾听某人谈话时，最好是客气地提出来："对不起，我很想听你说，但我今天还有一些事必须完成。"

如果你不是真心愿意听又勉强去听，或装着倾听，则可能会不自觉地开小差，比如一边听，一边翻书或做别的、想别的。你的举动逃脱不了说话人的眼睛，说话人对你的粗心会产生很大的不满。我们设身处地想想，对一个漠视我们谈话又勉强应付的人，你的感觉是什么？倾听可能会耽误我们一些时间，但如前面所述，倾听对我们、对他人都有好处，只要我们事先安排好时间，或只要有一些空闲时间，专心致志地去倾听他人谈话是值得的。

（2）要有耐心。

一是等待或鼓励说话者把话说完，直到听懂全部意思。有些人语言表达可能会有些零散或混乱，但如你有足够的耐心，任何人都可以把事情说清楚的。

二是若遇到你不能接受的观点，甚至有意伤你的情绪性话语，你也得耐心听完。你不一定要同意对方的观点，但可表示理解。一定要想办法让人把话说完，否则你无法达到倾听的目的。

（3）改掉不良习惯。

随便插话打岔，改变说话人的思路和话题，任意评论和表态，把话题拉到自己的事情上来，一心二用做其他事等，这些都是常见的不良习惯，妨碍倾听。我们要回避一些不利倾听习惯的诱惑，方法是把注意力集中在听懂、理解对方所谈的话上。

（4）表示理解。

倾听一般以安静认真地听为主，脸向着说话者，眼睛看着说话人的眼睛或手势，用理解说话人的身体辅助语言，同时必须适时以简短的语言如“对”“是的”或点头微笑之类进行适时的鼓励，表示你的理解或共鸣。让说话人知道，你在认真地听并且听懂了。如果某个意思没听懂，你可以要求说话人重复一遍，或解释一下。这样，说话人能顺利地把话说下去。

（5）适时做出反馈。

说话人的话告一段落，你可以做出一个听懂对方话的反馈，有时说话人也会要求倾听人做出反馈。准确的反馈对说话人会有极大的鼓舞。比如：“你刚才的意思我理解是……”“你的话是不是可以这样来概括……”等等。但需要注意，不准确的反馈是不利于倾听的。

让自己变得幽默一些

奥里森·马登认为，幽默可以使人愉悦，让自己摆脱尴尬，化险为夷；幽默可以缓和紧张的气氛，使大家相处愉快、融洽；幽默是一个人优秀个性的重要表现。

严格来讲，幽默算不上一种礼仪，但运用好的话，它在人际交往中的作用是非常巨大的。著名幽默家克瑞格·威尔森曾经说过：“在我的成长过程中，幽默是生活中的七彩阳光，没有它，就没有我五彩缤纷的童年，也没有我充满欢声笑语、幸福无限的家庭。”事实确实如此，幽默感是一个人最具智慧的体现。和有幽默感的人相处，你会感到非常轻松、愉快。

真正善于交际的人，一定是具有幽默感的人，因为幽默的思维方式可以让他们轻松面对各种交际窘境。

美国废奴运动领袖菲力浦斯有一次被一位牧师诘问：“您不是要拯救黑奴吗？为什么不直接到非洲去宣传呢？”

菲力浦斯不紧不慢地回答：“您不是拯救灵魂吗？为什么不直接到地狱里去呢？”一句话把牧师问得无话可说。

幽默其实是一种情感的宣泄。弗洛伊德说：“诙谐与幽默是把心里的能量以游戏的方式释放出来。”幽默也是一种乐观向上的生活态度，它基于一个人对自己尊重的基础上。幽默与搞笑是不同的，在大多数情况下，有幽默感的人总是不动声色，就能使别人充分享受到轻松快乐。

幽默感是人与人之间的润滑剂，通过幽默的表达，可以舒缓紧张情绪，更能营造出快乐的气氛。擅长幽默的人，人际交往通常是比较成功的，因为，人们都不会讨厌一个能让他笑起来的人。

幽默有时是文雅的，有时是含有暗示意义的，有时是高级的。切忌在交际中开低级趣味的玩笑，以此为幽默便形如讥笑。有时，一句普通的讥讽会使人下不来台，与你反目成仇，所以在社交场合中，幽默应该显示人的高尚、风度，而不是相反的意义。

在社交场上，谈笑也要注意分寸，因地因时适宜。如果大家正在聚精会神地讨论一个具体问题，你突然插进来一句毫无关系的笑话，不但不能令人发笑，反而使人觉得你无趣，不分轻重。

在社交场合中，如果一味地说俏皮话，无限制地幽默，其结果也会适得其反。譬如，你把一个笑话反复地讲了三遍，最初别人会认为你很风趣，但到后来只会厌烦。

如果你的幽默带着恶意的攻击，以挖苦别人为目的，还是不说为妙。再好的“糖衣炮弹”，如果里面包的是毒药，也会置人于死地。

幽默是个人魅力的重要砝码，是个性的体现。那么，如何使自己具有幽默感呢？

要在构思上下功夫

幽默是一种“快语艺术”，它突破惯性思维，遵循反常原则，想得快、说得快，触景即发、涉事成趣，既出人意料之外，又在情理之中。比如，有位将军问一位士兵：“马克思是哪国人？”士兵想了会儿说：

“法国人。”将军一愣，说道：“哦，马克思搬家了。”

灵活运用修辞手法

极度的夸张、反常的妙喻、顺手的借代、含蓄的反语，以及对比、拟人等手法都能构成幽默。另外，选词的俏皮、句式的奇特也能构成幽默。表达时，特殊的语气、语调、语速以及半遮半掩、浓淡相宜或委婉圆滑、引而不发语意——甚至一个姿势、一个心照不宣的微笑，都能表达意味深长的幽默和风趣。

留心搜集幽默素材

丰富多彩的生活为我们提供了许多有趣的素材，这些素材通常会无意识地进入我们的记忆仓库，如果我们做个“有心人”，就会使自己的语言材料丰富起来。例如，谚语、格言、趣闻、笑话等，都可以被我们可以提取、改装并加工利用，这样，我们的语言就会增加许多趣味性“调料”了。

用“趣味思维方式”捕捉生活中的喜剧因素

“趣味思维”是一种反常的“错位思维”，擅长运用这种思维的人通常不按普通人的思路想问题，而是“岔”到有趣的一面去。演说家罗伯特是个光头，有人揶揄他总是出门忘了戴帽子，他说：“你们不知道光头的好处，我可是第一个知道下雨的人。”罗伯特并不为自己的“光头”苦恼，反而“美化”光头，用“趣味思维方式”捕捉自己身上的“喜剧因素”，从而制造出诙谐的效果。

掌握一些关于幽默小技巧

幽默风趣较多运用于应变语境中。作为口才训练的终结，幽默风趣的表达是应该达到的较高境界。通过“趣说训练”，要在进一步提高心理素质的同时，习惯于“趣味思维方式”，习惯于用“错位”的语言艺术构成风趣和幽默，并掌握几种常见的幽默表达技巧。通过说俏皮话、自嘲、讲笑话等训练手段，使表达更风趣、诙谐，更有吸引力。

微笑具有神奇的魔力

奥里森·马登曾讲过这样一个故事：

百货店里，有个穷苦的妇人带着一个约四岁的男孩在转圈。当走到一架快照摄影机旁，孩子拉着妈妈的手说："妈妈，让我照一张相吧。"妈妈弯下腰，把孩子额前的头发拢在一旁，很慈祥地说："不要照了，你的衣服太旧了。"孩子沉默片刻，抬起头来，说："可是，妈妈，我仍会面带微笑的。"

如果你在生活的摄像机前也像那个贫穷的小男孩一样，穿着破烂的衣服，一无所有，你能坦然而从容地微笑吗？

奥里森·马登认为，微笑具有神奇的魔力，它能够化解人与人之间的坚冰，它也是一个人身心健康和家庭幸福的标志。

微笑是造物主赋予人类的特权。微笑是人类最好看的表情，当你忘记整理装束的时候，你可以用微笑来弥补，以增加神采。微笑或许不能解决任何实际问题，但它在许多方面都能起到很好的作用。一个微笑能令别人减少忧虑，心情愉悦；能传递你的爱心，有助于结交新朋友；令你看起来更有自信和魅力，留给别人良好的印象；能换来别人的微笑，甚至由此缔结一段终生的情谊。

无论你在什么地方，无论你在做什么，人与人之间，简单的一个微笑就是最真诚的语言，它能够消除人与人之间的隔阂；微笑是人与人之间的最短距离，即使是你一个人的微笑，也可以使自己的心灵得到抚慰。

释放阳光灿烂的微笑，你的生活从此就会变得更加轻松，而人们也喜欢享受你那阳光灿烂的微笑。面对着亲人，你的一个微笑，能够使他们体会到，在这个世界上，还有另外一个人和他们心心相连；面对着朋友，你的微笑，能够使他们体会出世界上除了亲情，还有同样温暖的友情，让他们感受到，对朋友，他是重要的，必不可少的。走遍世界，微笑是通用的护照；走遍全球，阳光雨露般的微笑是你畅行无阻的通行证。

不仅如此，笑，还是一种神奇的药方，它能医治许多疾病，并具有强身健体的功能。医学家告诉我们，精神病患者很少会笑，而一个人有疾病或有其他烦恼的人，也不会从心底发出笑声。

美国加利弗尼亚大学的诺曼·卡滋斯曾患上了一种疑难杂症，康复的可能性仅为五百分之一，而他就成了这个“一”。后来，他把当时的情况写在了《五百分之一的奇迹》这本书里：“如果，消极情绪引起肉体消极的化学反应的话，那么，可以推测，积极向上的情绪可以引起积极的化学反应，可以推测，爱、希望、信仰、笑、信赖、对生的渴望，等等，也具有医疗价值。”

卡滋斯认为，笑具有惊人的医疗效果：“我的体会是，如果能够从心底里发出笑声，并持续10分钟，会产生诸如镇痛剂一样的作用，至少可以解除两个小时的疼痛，安安稳稳地睡觉。”

微笑，甚至也能给人带来巨大的成功。美国旅馆大王希尔顿于1919年把父亲留给他的12000美元连同自己挣来的几千美元投资进去，开始了他雄心勃勃的旅馆经营生涯。当他的资产奇迹般地增值到几千万美元的时候，他欣喜而自豪地把这一成就告诉了母亲。出乎意料的是，他的母亲淡然地说："依我看，你和以前根本没有什么两样……事实上你必须把握比5100万美元更值钱的东西：除了对顾客诚实之外，还要想办法使来希尔顿旅馆的人住过了还想再来住，你要想出这样一种简单、容易、不花本钱而行之久远的办法去吸引顾客。这样，你的旅馆才有前途。"

经过了长时间的迷惘，经过长时间的摸索，希尔顿找到了具备母亲所说的"简单、容易、不花本钱而行之久远"四个条件的东西，那就是：微笑服务。

这一经营策略使希尔顿大获成功，他每天对服务员说的第一句话就是"你对顾客微笑了没有？"即使是在最困难的经济萧条时期，他也经常提醒职工们："万万不可把我们心里的愁云摆在脸上，无论旅馆本身遭受的困难如何，希尔顿旅馆服务员脸上的微笑，永远是属于旅客的阳光。"就这样，他们度过了最艰难的经济萧条时期，迎来了希尔顿旅馆的黄金时代。

经营旅馆业如此，其他行业又何尝不是如此呢？生活中遇到的一切烦恼，又何尝不能用你的微笑化解呢？

不论你将来从事什么工作，在什么地方，也不论你会遇到多么严重的困境，甚至你的人生遭遇了前所未有的打击，用你的微笑去面对它们，面对一切，那么，一切都会在你的微笑前低头。微笑不是仅仅为了别人，更是为了自己。

要能适度地赞美别人

赞美是必不可缺的交际礼仪，人类本性上最深的企图之一，即期望得到赞美。奥里森·马登认为，如果你希望能很好地与他人沟通，得体地表达自己的心声，那么就要注意培养适度赞美别人的能力。

赞美是语言的钻石，有着巨大的威力，是我们乐观面对生活所不可缺少的因素，是我们自强、自信、自我肯定的力量源泉；赞美是人际关系的润滑剂，同时还可以约束人的行动，能使人自觉克服缺点，积极向上；赞美的效果常常会出人意料，即使是简单的几句赞叹都会让人感到心理上的满足。因此，向别人传递一份真诚的赞美，能给对方的心灵带来光明。

在日常生活中，应该培养自己去发现、寻找别人值得称赞的地方，并设法真诚地、适度地告诉别人，这样既能给别人的平凡生活带来阳光与欢乐，也会让自己有一个良好的人际关系。

奥里森·马登的好友、美国管理专家查尔斯·施瓦布，被认为是一个钢铁业的天才，他在当时每天可以领3000多美元的酬薪，年工资为100万美元。但事实上，查尔斯·施瓦布却对奥里森·马登这样诠释自己的成功："我认为我所拥有的最大财富，是我能够激起人们极大的热诚。要激起人们心中最美好的东西，其方法就是鼓励和赞美。我从来不指责任何人，我信奉激励。所以我总是急于表扬别人什么，而最讨厌吹毛求疵。如果问我喜欢什么东西，那就是诚挚地赞扬别人。”“我在世界各地见到过许多伟人和普通人，我仍然要去寻找发现一个人，不管他的身份多高、多重要，他在赞扬面前总比在批评面前工作得更好，花费的精力更小。”

施瓦布的秘诀就是在公开或私下的场合，赞美别人。赞美可以使人奋发向上，促使一个人走向光明的路程，是前进的动力。在公关交谈中，真诚的赞扬和鼓励，能满足人的荣誉感，能使人终身难忘。美国作家马克·吐温说：“一句好的赞美语言，能使我不吃不喝活上两个月。”他这句话的内在含义，就是说人们时常需要受人赞美。

说一句简单的赞美话，并不是一件困难的事情，只要你愿意并留心观察，人人都有值得赞美的地方。适时地表达出来，会产生意想不到的效果。

法国总统戴高乐1960年访问美国时，在一次宴会上，尼克松的夫人为他布置了一个美观的鲜花展台：在一张马蹄形的桌子中央，鲜艳夺目的热带鲜花衬托着一个精致的喷泉。精明的戴高乐一眼就看出这是女主人为了欢迎他而精心设计制作的，不禁脱口称赞道：“女主人为举行一次正式宴会要花很多时间来进行这么漂亮、雅致的计划和布置。”尼克松夫人听了十分高兴。事后，她说：“大多数来访的大人物要么不注意，要么不屑为此向女主人道谢，而他总是想到和讲到别人。”

在以后的岁月中，不论两国之间发生什么事，尼克松夫人始终对戴高乐保持着非常好的印象。

由此可见，一句简单的赞美的话，会带来多么好的反响。

英国著名首相丘吉尔曾说过一句话：“要人家有怎么样的优点，就怎么赞美他！”这说明赞美具有开发潜能的效果。所以说，你如果想吸引别人，那适度赞美就必不可少，它绝对是人际沟通中最有效的工具。

不过，需要注意的是，赞美别人一定要有诚意，更要讲究口才与方法，具体地讲，需要注意以下几个方面：

审时度势，因人制宜

赞美别人的方法很多，可以面对面地直接赞美，也可以在公众场合对某个人或某些人进行赞美，还可以在背后赞美。在什么情况下采用什么样的方法，使赞美的效果更好，这需要赞美者抓住一定的时机，因人而异，恰到好处地把自己的赞美之情表达出来。

赞美不仅要因人而异，因场合而异，还要考虑不同的阶段。如当你发现有值得赞美的事物和人的良好品格的苗头时，应当立即抓住这个时机，给予赞美对象以美好的鼓励；如人的优点和美好的事物已完全体现出来，那么你就必须给赞美对象以全面肯定和充分赞美。不同的阶段使用不同的赞美语，不仅能克服人本身的毛病，还能给人一种实在感和具体感。

实事求是，措词适当

实事求是是指赞美应以事实为依据，这是赞美与“阿谀奉承”的本质区别。“阿谀奉承”出自主观愿望，是为了一己之私，有着明显的巴结奉迎的目的，即俗话所说的“拍马屁”；而真诚的赞美建立在客观事实的基础上，是一种真情的流露，旨在使人快乐，与人进行感情的沟通。此外，真诚的赞美除了要以事实为依据外，措辞也要适当：一是不要夸张，二是不要过分。

不要夸张，就是说赞美的语言应该朴实、自然，不要有任何修饰的成分，不要夸大其词；不要过分，指的是赞美的话要适度，有的话赞美一次两次、一句两句就足以使对方欢乐，而假如一句赞美话说过多次或者对某个人堆上许多溢美之词，那么对方会认为自己不配，或者会疑心你的动机不纯。

热诚具体，深入细致

日常交往中经常听到这样的赞美词："你这个人真好"，"你这篇文章写得真好"，等等。究竟好在哪些方面，好到什么程度，好的原因何在，不得而知。这种赞美语显得很空洞，别人听来感觉你也不过是在客气，在敷衍。

所以，赞美语应尽可能做到热诚具体、深入细致。比如赞美一个人穿的衣服漂亮，你不妨说："这件衣服穿在你身上很合身，颜色鲜艳，人显得精神多了。"美国社会心理学家海伦·H. 克林纳德认为，正确的赞美方法是把赞美的内容具体化，其中需要明确三个基本因素：你喜欢的具体行为；这种行为对你的帮助；你对这种帮助的结果有良好的感受。有了这三个基本因素，赞美才不至于笼统空泛，才能使人产生深刻的印象。

攻其不备，出其不意

在赞美语的运用上，如能攻其不备，出其不意，往往会使人喜出望外，收到意想不到的效果。

我们在日常交往中，如能注意观察他人，并对那些被我们忽略了的优点、美德加以及时赞美，往往比赞美那些人所共知的优点效果更好。如一位著名科学家、著名演员或著名作家，或在某些方面有较突出成就的人等，他们在各自的领域里都颇有建树，而对他们在各自领域里所取得的成绩的赞美声也不绝于耳。那么，我们不妨另辟蹊径，如赞美他们和谐的家庭生活，他们漂亮的衣着打扮，他们亲切的微笑，以及优秀的品格等，这样肯定会使他们喜悦倍增。

“雪中送炭”胜过“锦上添花”

俗话说：“患难见真情。”最需要赞美的不是那些早已功成名就的人，而是那些因被埋没而产生自卑感或身处逆境的人。他们平时很难听到一声赞美的话语，一旦被人当众真诚地赞美，便有可能振作精神，大展宏图。因此，最有实效的赞美不是“锦上添花”，而是“雪中送炭”。

此外，赞美并不一定总用一些固定的词语，见人便说“好……”有时，投以赞许的目光、做一个夸奖的手势、送一个友好的微笑，也能收到意想不到的效果。

当我们目睹一个经常赞美子女的母亲是如何创造出一个完满快乐的家庭、一个经常赞美学生的老师是如何使一个班集体团结友爱天天向上、一个经常赞美下属的领导是如何把他的机构管理成和谐向上的集体时，我们也许就会由衷地接受和学会人际间充满真诚和善意的赞美。

通过第三者传达对下属的表扬

当上司直接赞美下属时，对方极可能以为那是一种口是心非的应酬话、恭维话，目的只在于安慰自己罢了。但是，赞美若是通过第三者传达，效果便截然不同了。此时，当事者必认为那是认真的赞美，毫无虚伪，于是往往都能真诚地接受，为之感激不已。

大会表扬，刺激鼓励

对于有成就、贡献突出的下属，应当在全体员工大会上进行表扬，这是许多领导经常采用的一种激励方式。事实证明，这种激励方式虽然简单，但它产生的效果却是十分明显的。为什么呢？因为人的社会性决定了每个人都希望自己能够得到他人的肯定与社会的承认。领导在特定场合对一个人进行表扬，便是对他热情的关注、慷慨的赞许和由衷的承认。这种关注、承认，必然会使他产生感激不尽的心理效应，乃至视你为知己，更加报效于你。同时，这种表扬，能够激发其他下属的上进心，从而努力进取，为公司创造更大的效益。

有的上司、领导者一味追求效益，忽略了对突出贡献者心理的了解。只知道用人，而不知道去激励下属、激发他们工作的主动性、创造性。久而久之，一些有能力、对公司做出非凡业绩的员工，就会产生“上司只会利用自己”的思想，在感情上疏离公司，进而工作热情逐渐减退，甚至自行辞职，“跳槽”出去另择其主。

管理者绝对不能忽视对员工，特别是有一技之长能独当一面的员工与公司的感情培养。如果要笼络住他们，就要在他们取得一些成绩时给予充分的肯定，在比较大的场合上进行表扬、鼓励，魅力是巨大的，因为它公开承认和肯定了下属的价值。既能对受表扬的人起到很大的激励作用，又会对其他员工产生推动作用。

千万不可以自我吹嘘

人活着并不是给别人看的。每个人都有表现欲，但表现欲一旦过火，那就成了自我吹嘘。自我吹嘘带来的下场是朋友不信任，同事讨厌你，与人交往遭人嫌。

奥里森·马登认为，每个人都有表现欲，有了成绩总希望别人知道，最好能受到赞美，这种心理很正常。但是每个人都讨厌别人在自己面前吹嘘，有涵养的人会顾着你的面子，假装微笑，假装欣赏，但你可千万别认为每个人都这么有涵养。大多数时候，你不会那么幸运，很多人会在你吹嘘自己的时候冷冷地刺你一下，把你自我吹嘘时不小心露出的漏洞给捅开。

喜欢自我吹嘘的人很容易给人踏实的感觉，从而留下不好的印象。试想一下，等你走入社会以后，想得到一个好的工作，但你担心短时间内不能把你的优点和成绩全部告诉招聘者，于是拼命地显示自己的好处，把自己大肆吹嘘一番，结果招聘者只会认为你这个人好大喜功，做事不踏实。既然给招聘者留下这样的印象，那你的工作肯定没戏了。

喜欢自我吹嘘的人经常会有意无意地贬低别人。有时候，他并没有想到要贬低别人，但在说话时一味强调自己，旁人听了就会感觉到你他只是在抬高自己、贬低旁人。在开会时，轮到你发言，你一口气罗列了几十条成绩，有些确实是你的成绩，但肯定有些工作也是搭档和你共同完成的，你若都揽在自己名下，你的搭档当面不会说什么，但会在投票选先进时，给你一个零分。

喜欢自我吹嘘的人往往缺少团队协作精神。他们喜欢表现自己，喜欢抢功，喜欢争名夺利。在需要协作完成任务时，他们首先会尽可能地一个人干；不得不请别人帮忙时，他们也会在干的过程中有意识地分清你我，让别人清楚哪些是自己干的。你有能力干倒也无妨，最可恨的是那些干起事来缩在后面，干完事以后抢在前面的人。当然，这样的人不喜欢集体，集体也不会喜欢他，所以，喜欢自我吹嘘的人往往是孤独的。

喜欢自我吹嘘的人也容易自我陶醉、得意忘形，更容易忽视别人。若稍微有点能耐便更会自以为是，在自我陶醉时，当然也最容易忘乎所以，导致做事的过程中漏洞百出。

我们都知道自我吹嘘不讨人喜欢，自我吹嘘的人也往往会在孤独中体会到这一点。但问题是，很多时候你很难管住自己，非要说个痛快不可。要改变这种情况，首先要凡事多为别人考虑一下，千万不能一味地以自我为中心，需要分清彼此，最基本的是不能抢别人的功，如果能让一些功给别人，那就更好了。但无论如何，切记在你张口的时候要先说别人的功劳，然后再提自己那份。

其次，你应该时刻提醒自己：一旦成绩被别人看到了，就千万不要画蛇添足地再找机会说明了。其实，有的人被人冠以“自我吹嘘”的称号，也是有点冤枉的，因为他们说的还都是实话，只是喜欢在别人知道以后还不厌其烦地说。事实上，即使别人暂时没看到，但迟早也会知道，你不必担心成绩会被埋没。有的人生怕所有人都不知道，不厌其烦地标榜自己。要记住：别人传播你的优点要比你自己去说可信一百倍。如果你能在你做了好事无人知晓的情况下一言不发，那你就一定会成为一个受人尊敬的人。

做人不是为了给别人看，而是为了自我充实、自我满足。如果凡事都要别人肯定自己才能高兴，那也太可悲了。活在别人的“眼光”里是很累的。

学会与不喜欢的人相处

每个人都喜欢与自己性格相近的人相处，但不论你到什么地方，总会遇到各种各样与你性格不和、脾气不投的人，甚至是你非常不喜欢的人，但你又必须面对这些人，这就要求你要学会与不喜欢的人相处。

奥里森·马登认为，在与人相处时，对不喜欢的人不要千方百计地去打击，而是尽量和平相处，这是一个成功者应有的素质。

由于每个人都有其原则性和个性，他们不喜欢的人也非常多，但不喜欢不代表讨厌，而你不喜欢的人对你也许会有帮助，所以你应该学会与他交往。

一个能取得成功的人，不仅要能与喜欢的人友好相处，还要善于与自己不喜欢的人交往，这是成功者者必须具备的本领。人的某种本能趋势就是与自己喜欢、欣赏的人靠近，同样也就远远地躲开那些自己不喜欢、不愿意打交道的人。然而，生活中没有那么多的随心所欲，由于各种各样的原因，我们经常要与自己不喜欢的人，甚至是与自己相敌对的人打交道，这就需要用到一些技巧，用真诚的态度对待每一个人，包括你不喜欢的人。

哈蒙曾被誉为全世界最伟大的矿产工程师，他从著名的耶鲁大学毕业后，又在德国佛来堡攻读了3年。毕业回国后，他去找美国西部矿业主哈斯托。哈斯托是个脾气执拗、注重实践的人，他不太信任那些文质彬彬、专讲理论的矿务工程技术人员。

当哈蒙向哈斯托求职时，哈斯托说："我不喜欢你的理由就是因为你在佛来堡做过研究，我想你的脑子里一定装满了一大堆傻子一样的理论，因此，我不打算聘用你。"

哈蒙假装胆怯地对哈斯托说道："如果你不告诉我的父亲，我将告诉你一句实话。"哈斯托表示他可以守约，哈蒙便说："其实在佛来堡时，我一点学问也没有学回来，我尽顾着工作挣钱，想多积累点实际经验。"

哈斯托立即哈哈大笑，连忙说："好！这很好！我就需要你这样的人，那么，你明天就来上班吧！"

在有些情况下，别人所争论不休的论点，对自己来讲反而不那么重要。比如，哈蒙从哈斯托口中得来的偏见，这时，我们所需要的不是去斤斤计较，而是尊重他的意见，维护他的"自尊心"。

敏锐的人在对付反对意见时常常会尽量做些"小让步"。当一个争执发生的时候，他们总是在心里盘算着：关于这一点能否做一些让步而不损害大局呢？因此，无论在什么时候，应付别人反对的唯一的好方法，就是在小的地方让步，以保证大的方面取胜。另外，在有些场合，应该将你的意见暂时完全收回一下。

此外，面对你讨厌和无法理解的人、关系僵持的人，你还可以尝试从以下几点做起：

第一，站在对方的角度考虑问题，多看看别人的优点，而不是死咬缺点不放，学会宽容、尊重对方，关心对方，多赞扬对方，不要不舍得开金口。在关系僵持或恶化的时候，一定要主动表示友好，不要碍于面子、难为情。

第二，和攻击性较强的人相处，无论别人怎样亏负你、藐视你、批评你、忌恨你、损害你，除了侮辱人格时应义正词严外，都不要介意，更不要放在心上，要乐意饶恕他们，容忍他们。面对传言要坦然冷静，如若听说有人中伤或诽谤自己时，冷静坦然的表现能显示您的风度，将更受人敬重。

第三，厚道待人，大方相处，少打小算盘，朋友相处之道在于真诚，不在于利益得失。吃小亏赢大义，宽仁大度、宁可人负我，我总不负人，大智若愚的朋友更有人缘。存真诚的心，说真诚的话，做真诚的事。说谎作伪是人和人之间许多纠纷的起源。

第四，不论与多少人同处，总要存心公正，一视同仁，不可特别与一两个人亲近，却与其他人疏远。尤其不可袒护自己所喜欢的人，一有这种情形，势必引起别人的嫉妒，许多纠纷就会因此发生。

第五，不要以自己的长处骄人，也不要轻看那些有短处的人。与人同处，要多顾念别人，竭力体恤别人、帮助别人，甘心做别人的助手。不可向比你弱的人轻易发怒，更不叱喝他们，让他们难堪，这不仅会使他们痛苦也会使你自己受损害。

学会与他人有效合作

奥里森·马登说，在他生活的时代，人们已经很难像詹姆斯·爱伦（19世纪英国著名作家）一样，悠然移居海边，日出时漫步海岸，日落后归家写作，靠着皇室的稿费，他度过了自己的余生。这种景象对现代人来讲更加近乎一种幻想。我们每天都得奔波于尘世，与各种各样的人去交往。与他人保持良好的合作，是我们必须面对的事情。下面这些方法一定对你大有帮助：

别将你的想法强加于人

想赢得他人的合作，就要征询对方的愿望、需要和想法，让他觉得他是出于自愿。没有人喜欢被强迫购买或遵照命令行事。许多人为使别人同意自己的观点，滔滔不绝地说个没完，好像非如此不可，这未免有点太心急，而心急并不能把事情做好，也许会适得其反。尤其是推销员，常犯这种错误。每个人都重视自己，喜欢谈论自己，他们可不愿听一个唠唠叨叨的人自吹自擂。寻求合作时，最好先让对方说，即使你不同意他的意见，也不要打断他的话，因为那样做会引起对方的抵触情绪。因此，你要耐心听着，抱着一种宽容的心态，运用你在前面章节所学的“倾听原则”，让对方充分说出他的看法。一位法国哲人说：“如果想树立敌人，只要处处压过他，霸占他就行了。但是，如果你想赢得朋友，就必须让朋友超过你。”每个人都有相同的需求，都希望别人重视自己，关心自己，给他人一种优越感，你们的合作就会很顺利地进行下去。那么，怎样才能做到“让他人觉得想法是自己的”呢？

（1）尊重合作对象，让他尽可能多说，你少说。尊重是一剂解药，它可以解开彼此的冷漠与隔阂。

（2）诱导他们表达自己的想法与看法。对此，你不妨采用“投其所好”的方法。投其所好并不难，只要你巧妙地利用心理暗示，表明是不经意和他人的兴趣相一致就行了。“投其所好”的目的，是达成共识，然后自然过渡到合作的事情上，依然要遵循“让他人先说”的原则。

①不要主动挑起话题。比如面对一个喜欢写诗的人，你却大谈特谈如何写诗，这也许会令他大为反感，因为他在这方面是专家，你所说的在他看来，也许只是班门弄斧。

②做到无意中流露出兴趣，让他人尽兴地谈。记得一定要自然。

③通过多种方式，了解他人的兴趣与爱好。自己也得在这个爱好上有所准备。

以他人的观点看问题

要与他人很好地相处与合作，不妨换个角度，以他人的观点看问题，以达到同步。奥里森·马登认为这样便“能创造生活中的奇迹，使你得到友谊，减少摩擦与困难”。以他人的观点看问题所达成的同步，确实具有实质性的效果。那么，如何才能达成同步呢？

（1）学会做到同步呼吸。曾经师从荣格、研究心理分析学的嘉尔曼认为：“呼吸的同步具有诱导性，它可以诱导沟通者和自己的心灵产生感应，从而使双方步调一致，彼此配合。”这就是说，共同的呼吸是达成同步的方法之一。那么如何才能做到同步呼吸呢?

要选择合理的位置。与你的合作者最好坐成90度的夹角，这个角度能够感应到呼吸，且能看到对方一起一伏的胸膛。面对面及坐成一排（180度）的效果均不如90度的效果明显。当然，还可根据环境的不同，视情势而定。

①观察彼此呼吸的节奏。男人一般用腹部呼吸，女人用胸部呼吸。

②同步。对方呼气，你也呼气；对方吸气，你也吸气，并注意掌握呼吸的轻重缓急。

③说话时呼气比较多，听他人说话时，就得呼气。相反，对方沉默时，也要求同步。

④自己开口说话时，言辞应尽可能配合对方的呼气。吸气则可以稍加忽略。

研究表明，同步呼吸法最适用于合作的双方感情和情绪变化激烈之时。另外，在会议等场合一定要运用得当，否则会闹出笑话。

（2）做到视觉同步。“说话时要看着对方的眼睛”，这已成为现代交际学的一句名言，事实也正是如此。注视对手的眼睛，最起码可以暗示对方：“嗨，听着呐！我们的合作是真诚的，有什么话或想法就全抖出来吧！”

①他人转移视线时，你也转移；他人眨眼睛时，你也眨眼睛。当然，做这些动作时不要过分专注，要自然一些，尽量让对方相信你只是朝他的眼睛说话。

跟踪对方的视线，随着对方视线的调整而调整自己视线的方向。

②初次见面时，不要死盯着对方不放，那会使对方不自在、尴尬，结果将适得其反。

做到身体语言的同步

身体语言是一个人性格的外部表现。你只要注意到他人的身体语言，并予以配合，就能获得很好的沟通效果。况且，身体语言的同步是相互影响的。例如，你和一个跷着二郎腿的朋友谈得很投机，你也会同样跷起腿，要是这个朋友放下腿来，身体往前倾，过不了几分钟，你也许会做同样的动作。路上遇见一位朋友，他跟你打手势问好，你肯定也会不由自主地打手势给予回报。

因此，用你的肢体语言去响应他人的肢体语言，你会发现，不知不觉间，你们已建立起很好的合作基础。

语速与音量的同步

不要有语速与音量的优越感。合作时的沟通可不是为了辩论赛争拿冠军，你要与他人同步。心理学研究表明：相同的语速与音量可以打消沟通中的紧张感与戒备心态。对一个细声慢语的人，就不能采用高速而大声的交谈方式；相反，面对一个快言快语的人，又不能采用缓慢而凝重的方式。

正确的做法是——对方说话大声时，你也大声；对方快言快语时，你也加快语速。他人说话时，你并不一定要回话，更多的时候你应认真倾听，这就需要你配合对方的说话速度。当他谈吐缓慢时，你要缓慢地点头；当他说话快速时，你要迅速地点头或反应。

要做到这一点，就要求你平日多练习自己的观察力，学会察言观色。只有具备敏锐和善感的观察力，才能够和他人的速度随时配合。

心理活动的同步

这才是从他人的观点看问题的关键。当然，心理活动往往是通过呼吸的急促、语气、眼睛、肢体语言等表现出来的。当你了解了他人的内心活动，做到以上六个方面的同步后，再适当地投其所好，给他人以必要的满足感（包括被尊重、被赞扬、虚荣心的满足等），就能做到很有效果的合作。

关于这一点，你最好牢记哈佛商业学院的唐哈姆院长说的一段话："会见某人之前，我宁愿在他办公室前面的人行道上多走2小时，而不贸然走进他的办公室。因为脑海中没有清晰的概念，不知道该说些什么，也不知道他——根据我对他的兴趣及动机的认识判断——大概会怎么回答。"

第七章

良好的习惯是成功之母

良好习惯可助你成功

奥里森·马登认为，良好的习惯对于获取成功有着非常关键的作用。

增强心理暗示

成功学家曼狄诺是奥里森·马登的学生，他曾做过一项培养成功的心理暗示，他反复不停地对自己说："今天我要重新振作起来，将那饱尝失败的生命毁灭了，从头再来。"

"今天我要重新开始生命，你看那翠绿的葡萄乐园，那里的花朵鲜艳，水果丰盛。"

"我要摘下那最大最甜的葡萄，把它放在金色的盘里，细细品尝。"

"那是成功的果实。是我播种的成功的种子。"

"你看那腾跃而出的朝阳，永远也不会悲观和失望。我选择了远方，我准备了希望。"

"你看我怎样渡过那波涛汹涌的海洋，并且不必担心迷失了方向。罗盘针就挂在我的胸前，我不怕有千难万险。"

"失败像天使一样，她努力扇动着翅膀，引导我找到成功的方向。"

"失败就像魔鬼一样，不过他已丧失了邪恶的魔法，并且被那全能的上帝，关进了一个长颈的瓶子里。”

“成功的背后是失败的烙印。我在挫折中勇敢地鼓足勇气。”

“造物主总是那么神奇。我曾经是一只丑小鸭，但现在是白天鹅。”

“我曾经像一个洋葱一样生长，我现在厌烦了，谁也不能阻止我，我要成为最了不起的橄榄树。”

“我要到达成功之岸。”

如此自我暗示后，整个人会自信很多。

促进事业成功

如果你既没有创立宏大事业的知识，又没有任何经验，且曾经在无知中游荡，甚至还跌进过自怜的深渊，那么，你该怎样养成那些良好的习惯呢？事实上，这个答案很简单。在没有知识和经验的情况下，仍然可以开始你的旅程，因为造物主已经给你远比森林里面任何兽类都多的知识和本能，只是人们将经验估价得太高了。

经验是对教训的一种总结，但是要获得经验，必须花很多年的时间，而且，等到人们获得它的知识时，其价值已随着时间的流逝而减低了。结果呢，经验丰富了，人也离开这个世界了。再说，经验只是一时的，一个今天很有用的措施，明天不一定依然有效果和实用。

只有原则可以经久不变，而这些原则现在都在你的手里。因为这些带你走向成功之路的原则，都写在这里，它的教导，会使你防止失败，获得成功。

事实上，在已经失败了的人和已经成功了的人之间，唯一不同之点，在于他们本身具有不同的习惯。良好的习惯，是一切成功的钥匙；不良的习惯，是一切失败的根源。因此，我们应该遵守的第一个法则就是：养成良好的习惯，全心全力去实行。在你一生的行为当中，你将会受俗念、情感、偏见、贪婪、恐惧、恶劣环境、习惯等支配，而这些行为里，最起作用的是习惯。

因此，如果决定要全心全力养成习惯的话，一定要全心全力养成良好的习惯，必须将坏习惯全部摧毁，在新的田畦播下新的种子，一定要大声告诉自己："我要养成良好的习惯！"并全力以赴。

我们必须革除自己的坏习惯，培养一种能使我们走向成功之路的好习惯。

增强活力

良好的习惯隐藏着人类本能的秘诀，当你每天坚持培养良好习惯的时候，它们很快就会成为你精神生活的一部分。而最重要的是，它们会灌输进你的心灵，变成奇妙的源泉，永不停止，创造出无限的财富，并使你事业的航船不断地驶向成功的彼岸。

当培养良好习惯的话语被奇妙的心灵完全吸收时，每天，你便开始带着以前从未有的一种活力醒来。你的元气将会不断增加，你的热情将会持续升高，你事业成功的欲望，将会使你克服一切恐惧，你将会变得更快乐。

最后，你发现自己已有了应付一切情况的方法，不用多久，这些方法就能运用自如了。因为，任何方法只要经过练习，就会熟能生巧、转难为易。

当一种方法，经过反复练习而变得容易时，你就会喜欢去做，并愿意时常去做，这是人的天性。当你时常去做的时候，它就成了你的一种习惯。因为它是一种好习惯，也就是你的意愿。

坚定成功的信念

良好的习惯能使我们坚定成功的信念。

我们要郑重地对自己宣誓，没有什么东西能够阻碍我们事业成功的信念。实际上，每天在良好的习惯上花费几分钟，对将要属于你的那种快乐和成功来说，只是付出了很微小的一点代价，但已经播下了成功的种子。只要你这样去做，你就能培养出良好的习惯，最终走向成功。

2

做好家庭的财务预算

有一个人从一无所有变成全城最富有的人，许多人去找他询问致富的方法，富翁说："假如你有一个篮子，每天早晨在篮子里放进10个鸡蛋，每天晚上再从篮子里拿出9个鸡蛋，最后将会出现什么情况呢？"

"总有一天，篮子会满起来，"有人回答说，"因为每天放进篮子里的鸡蛋比拿出来的多一个。"

富翁笑着说："致富的原则，就是你放进钱包里的10个硬币，最多只能用掉9个。"

在一项有关现代人烦恼的调查中，人们发现70%的烦恼与金钱有关，比如缺钱，比如有钱不知道如何花，比如怎样赚钱。那么如何摆脱这种烦恼呢？答案很简单：做财务预算

奥里森·马登曾说过："预算是一张蓝图，一个经过计划的方法，用以帮助你从你的收入中得到更大的好处。"

下面给大家介绍一些方法来帮助你完成家庭财务预算的好方法。

记录每一件开销，使你对支出情形有清楚的了解

除非我们知道错在哪里，否则我们就无法改进任何情况。如果我们不知道为什么要删减、删减什么以及如何删减，节约就毫无意义。所以

我们应该在一段示范期间内，记录下所有的家庭开销——例如，记录3个月看看。

根据家庭需要，设计出自己的预算

首先，把一年里的固定开销列出来——房租、食物预算、利息、水电费、教育费、交通费、交际费等。每个人都知道，这不是件容易的事。拟定计划需要决心及家庭成员的通力合作，有时候还需要严谨的自制力。我们不能买下每一件东西——但我们可以决定什么东西对我们最重要，然后牺牲掉一些不重要的东西。你愿意为拥有一个舒适的家而放弃买漂亮的衣服吗？你愿意买一台电视机还是吃一顿大餐？这些决定都必须由你和家人共同完成。

至少要把每年收入的10%储蓄起来

为自己规定一个固定开销。至少要把10%的收入储蓄起来，或拿去投资。也许你还可以想办法建立一笔额外资金，拿来做特殊用途，譬如买房子或汽车。

准备一笔意外或紧急用途的资金

大部分预算专家会告诫每一个年轻家庭，至少要存下1～3个月的收入，用于紧急事件。但是，这些专家警告说，想要存太多钱的人，会发觉很难办到，与其要断断续续隔几周才一次存5元，倒不如每周固定地存下2元，细水长流效果会更好。

使预算计划成为全家人的事

预算计划必须得到全家人的配合。经常举行家庭预算讨论会，往往可以减除情绪上的不和——因为我们大家对于金钱的态度，都会受到自己的经验、气质与教育程度的影响。

考虑人寿保险的问题

经过人寿保险，你的家庭能够得到一些基本需要。保险中一次付款和分期付款是不同的，而且各有各的好处。关于付款的方法也有许多不同的选择，现代人寿保险具有双重目的：如果一个人太早去世，人寿保险就可以保护这个人的家庭；如果他能享受余年，人寿保险可以供给他独立的基金。

养成惜时如金的习惯

你珍惜生命吗？那么就请珍惜时间吧，因为生命是由时间累积起来的。

奥里森·马登曾说过，能好好地利用时间是很重要的，每天24小时，如果不认真计划一下，就会无缘无故地浪费掉，跑得不见踪影，最后，你什么也得不到。

怎样分配时间，对成功和失败起着决定性作用。人们经常这样以为，在这儿浪费几分钟，在那儿消耗几小时没什么关系，但它们却有很大作用，甚至关系到成功与失败。这种差别对于时间来说很微妙，要经过很多年才能让人们觉察出来。可是有时候，这种差别也是显而易见的，贝尔和格雷就是很典型的例子。

当初，在贝尔发明电话机的时候，还有一个叫格雷的人也同时进行着这项工作。他们两个人差不多同时取得了突破性进展，让人意想不到的是，格雷比贝尔晚到达专利局两小时。当然，他们两个人互相都不认识对方，可是这两个小时，却让贝尔取得了巨大的成功。

时间是我们可以握在手中的最宝贵的财富，请认认真真地、合理地安排时间，不要平白无故在无聊的事上消耗哪怕一分钟，千万别忘了，不珍惜时间就相当于不珍惜生命。

时间的一个显著特点，就是不能挽回、不可逆转，也不可能贮存，它是一种永远不会再生的、与众不同的资源。所以，奥里森·马登这样说："一切节约归根结底都是时间的节约。"

时间相对于每一个人、每一件事情都是毫不留情的，是霸道的。时间可以被肆无忌惮地消耗掉，当然也一定可以被很好地利用起来。很好地运用时间，就是一个效率的问题，换句话说，在单位时间里对时间的利用价值就是效率。有限的时间一点一滴地累积成人的生命，假设以80岁的年纪来计划一个人的一生，那么大概就有70万小时。在这之中，人们可以精力充沛地进行工作的时间仅有40年，大概相当于35万小时，减去吃饭睡觉的时间，大约还可以有20万小时的工作时间。我们在这些有限的时间里，最大限度地发挥作用，就能体现生命的有效价值；最大限度地增加这段时间里的工作效率，就相当于延长了寿命。很明显，"效率就是生命"，不容置疑！

美国麻省理工学院对3000名经理做了调查研究，结果发现凡是成绩优异的经理都能非常合理地利用时间，把时间的消耗降低到最低限度。《有效的管理者》的作者杜拉克说："认识你的时间，是每个人只要肯做就能做到的，这是每一个人能够走向成功的、有效的必由之路。"根据有关专家的研究和许多领导者的实践经验，我们可以从以下几个方面驾驭时间，提高工作效率：

一是要善于集中时间。千万不要平均分配时间，应该把你有限的时间集中到处理最重要的事情上，不要每一样工作都去做，要机智而勇敢地拒绝不必要的事和次要的事。

一件事情发生了，开始就要问问自己，这件事情值不值得去做？千万不能碰到什么事都去做，更不可以因为反正没闲着，没偷懒，就心安理得。

二是要善于把握时间。每一个机会都是引起事情转折的关键。有效地抓住时机，就可以牵一发而动全局，用最小的代价取得最大的成功，促使事物发生转变，推动事情向前发展。

如果没有抓住时机，常常会使已快要到手的成果付诸东流，导致“一着不慎，全局皆输”的严重后果。因此，取得成功的人必须要擅长审时度势，捕捉时机，把握“关节”，做到恰到“火候”，为自己赢得机会。

三是要善于协调两类时间。对于一个取得成功的人来说，存在着两种时间：一种是可以由自己控制的时间，我们叫作“自由时间”；另一种是属于对人和事的反应的时间，不由自己支配，叫作“应对时间”。这两种时间都是客观存在的，都是必要的。没有“自由时间”，完完全全处于被动、应付状态，不会自己支配时间，就不是一名合格的领导者。可是，要想绝对控制自己的时间，在客观上也是不可能的。想把“应对时间”，变为“自由时间”，实际上也就侵犯了别人的时间，因为每个人的完全自由必然会造成他人的不自由。

四是要善于利用零散时间。时间不可能集中，日常生活中，常出现许多零碎的时间。别不以为然要珍惜并充分利用它们，把零散时间用来做零碎的工作，从而最大限度地提高工作效率。

五是要善于运用会议时间。我们召开会议是为了沟通信息、讨论问题、安排工作、协调意见、做出决定。很好地运用会议的时间，就可以使工作效率提高，节约大家的时间；若运用得不好，则会降低工作效率，浪费大家的时间。

保持正确的饮食习惯

正确的饮食习惯与旺盛的生命力紧密相关。现代科学指出，抵抗压力的一个重要因素便是营养，而营养主要是从饮食中直接得来的。我们只有从饮食中摄取养料，才会有应付压力的资本。所以，保持正确的饮食习惯相当重要。

当人们在生活中注意到饮食方法以及饮食宜忌的规律，并且依据自身的需要来选择适当的、有利于自己身心健康的食物进行补养，便能有效地发挥并维持生命的活力，提高新陈代谢的能力，保持身心健康。具体一点说，正确合理的饮食具有补充营养、预防疾病、治疗疾病、延缓衰老等作用。

人的饮食要节制，切忌暴饮暴食，不能随心所欲，讲究科学的饮食方法至关重要，要知道，人们的健康很大程度来自饮食。如果在短时间内饮食过量，大量食物进入食道必然会加重胃肠负担，肠胃承受能力过重，会使食物滞留于肠胃中，不能被及时消化，这样，就会影响营养的吸收和输送。久而久之，脾胃不堪重负，其功能当然会受到损伤，所以“食量大的人是不会健康的”，奥里森·马登这样说。

现代许多有关医学方面的实验都证明，减少食物的摄取量是延长寿命的最好的方法之一。奥里森·马登指出：“如果你能只吃七分饱，那么你会保持身体健康。”针对这一点，德州大学的马沙洛博士做了一个很有意思的实验，为我们提供了有力的证据。他的实验是围绕一群实验鼠进行的，它把一群实验鼠分为三组：他任由第一组的实验鼠随便进食；把第二组的食量减了四成；第三组实验鼠的食物中蛋白质摄取量减少一半，然后任由它们吃。两年半以后的实验结果为：第一组老鼠成活率为33%，第二组的成活率为97%，第三组成活率为50%。

该实验表明了什么呢？温血动物延缓衰老、延长寿命的唯一有效途径，就是减少营养，这是迄今为止所知的温血动物的生理特征之一，该论点同样适用于人类。所以我们也要尽可能地限制食量，这样可以大大延缓生理上的衰老和免疫系统的失效，用一句话概括就是：吃得少，活得久。

接下来，便该讨论如何做才能养成这种饮食有节或叫作瘦身饮食的习惯。据此，奥里森·马登给我们提出了以下建议。

第一点，每天摄取含1000～1500卡路里热量的食物，同时，需要保证能固定地补充矿物质与维生素，以此来维护身体的健康。

第二点，要改变以往用餐时的顺序，先喝汤，然后吃蔬菜类的食物，最后再吃肉类食品和米饭，因为先吃热量低的食物可以减少对高热量食物的食欲。

第三点，奥里森·马登告诫人们，尤其是食欲很好的人，尽量保持每餐七分饱，不要吃到撑了还不停口。此外，采取少食多餐的饮食习惯也是相当不错的选择。

第四点，大家可能知道，脂肪的储存是导致肥胖的直接原因，且脂肪过多也有害身体健康。所以吃完饭后，先不要急着躺在床上休息，应该稍事活动，让脂肪在尚未储存前就先消耗掉。

第五点，尽量减少油脂的使用量。脂肪中所含的热量远远高于蛋白质和糖类，甚至是它们的两倍还多，而油类中便含有大量的脂肪。

第六点，大家都知道多喝水可以促进新陈代谢，有助于热量的消耗。所以建议口渴时只喝白开水，因为汽水和可乐中含有高热量，避免饮用。

第七点，要提醒大家，一定要经受得住巧克力、蛋糕、油炸食物等的引诱，因为它们都是富含高热量的食品，可千万别轻易接受它的诱惑。

由此看来，想要拥有健康的体魄，就应该做到针对食物的不同特性未进餐，多吃些富含纤维和低热量的食物，同时远离油脂类的高热食物。

此外，喝水是非常重要的。有学者大胆提出：药丸并不能治疗体内的毒素，而喝水却能将毒素排出体外。

人的身体竟有80%是由水组成的，那么，人类所摄人的食物中所含水量应是多少百分比呢？正确答案是70%。因为有了足够的水，才能保证人体的新陈代谢正常进行，使细胞保持生命和活力。因此看来，我们除了每天定量补充一定的水分、茶或牛奶之外，还应适当地补充一些新鲜的水果和蔬菜，而且水果中的新鲜汁液对人体是相当有利的。

风行于欧美各国的“天然卫生法”，强调过“饮食正确为健康之本”，“肠胃健康乃身体强壮之本”。与此同时，它也提出：人类的一切疾病皆由体内的毒素引起。那么有必要知道这些毒素的来源，事实上，那些不正确的饮食习惯、被污染的空气、人类自身的压力所造成的内分泌失调，和由不正确的心态引起的性激素紊乱，是它的主要来源。如此看来，如果每天能多吃一些天然的富含水分的食物，是涤清我们体内循环系统的最佳的方法。像水果、蔬菜、芽苗等植物，能提供给我们丰富的水分及维生素，有利于体内毒素排出，为健康做保证。

为自己选择一项运动

奥里森·马登曾经发出这样的感慨：健康是我们一生中所应努力去达到的目标，但我们中的大多数人对此却是漠然、粗心或者满不在乎！我们对健康关注的多么少！我们花在锻炼强健体魄，以便去成就我们有可能成就的伟大事业的时间，又是多么少！

奥里森·马登还一针见血地指出，为数不少的年轻人由于采取了懒散的、不科学的生活方式，结果白白地丧失许多宝贵的财富和机会。如果他们为赢得成功与幸福而强身健体，让自己在拼搏的过程中一直洋溢着青春的活力与激情；如果他们能够深刻地意识到锻炼身体、保持健康有不可估量的重要性，那么，那些宝贵的财富和机会绝对不会被浪费。

事实上，对健康的重视向来为人们所提倡。“健全的心灵寓于健康的身体”这句格言可以追溯到罗马时代，而且历久弥新，到今天仍然适用。生命在于运动，人若不动，也就不能生存，更不能成为有思维有感情的高级动物，但运动必须合乎科学，只有按照科学规律去运动，才能达到健身的目的。一个人如果不按科学规律，盲目地做一些不适合于自己身心的运动，那他不仅得不到健身的效果，反而会损害健康。

科学的、适度的体育锻炼是延缓衰老、增强体质的最佳方案。在日常生活中我们应坚持锻炼身体，即使每天抽出15分钟进行慢跑或20分钟步行，也会收到良好的效果。

奥里森·马登说："我发现，烦恼的最佳'解毒剂'就是运动。当你烦恼时，多用肌肉少用脑，其结果将会令你惊讶不已。这种方法对我极为有效——当我开始运动时，烦恼也就消失了。"

生命在于运动。这一命题不论是2300年前古希腊哲学家亚里士多德原创，还是300多年前法国作家伏尔泰倡导，它确实揭示了生命的奥秘所在。

世界卫生组织（WHO）认为，"健康乃是一种身体上、精神上的完满状态，以及良好的适应能力，而不仅仅是没有病或非衰弱状态。"健康分为身体、心理和社会三个维度，你可以对照世界卫生组织提出的健康标准，看看自己是否健康。

世界卫生组织健康标准：

1. 精力充沛，能从容不迫地应付日常生活和工作压力而不感到过分紧张。

2. 处事乐观，态度积极，乐于承担责任，不挑剔。

3. 善于休息，睡眠好。

4. 应变能力强。

5. 能够抵抗一般性感冒和传染病。

6. 体重适当，身体匀称，站立时头、肩、臂位置协调。

7. 眼睛明亮，反应敏锐，眼睑不发炎。

8. 牙齿清洁，无空洞，无痛感；牙龈颜色正常，不出血。

9. 头发有光泽，无头屑。

10. 肌肉、皮肤富有弹性，走路轻松有力。

"运动是健身的法宝。"这是古往今来仁者智士、养生者、长寿者已取得的共识。因此，很早以前，体育运动就被作为健身延年、预防疾病的重要手段。经常参加运动的人，其死亡率比同龄不参加运动的人低。美国学者巴芬勃格尔研究有关参与运动和死亡危机率的关系，得出的结论是：时常做适量运动的人的死亡率，男性比没有参加运动的人低30%，女性低50%，可见适量运动对身体健康的重要性。

人类社会中所有的美和激情，都是运动的衍生物，那么我们应该如何选择一项适合我们自己的运动呢？有健康专家提供了一些方法，我们不妨试一试。

散步

散步是日常生活中最简单又易行的运动法，运动量不大，但健身效果却很明显，而且不受年龄、体质、性别、场地等条件限制。人常说：“饭后百步走，能活九十九。”“百练不如一走”，足以说明散步在保健中的作用。古今中外那些长寿老人，都把散步作为延年益寿的手段。如革命老人徐特立，年近九旬时仍坚持日行500步；革命前辈朱德同志，在暮年时每天还散步3次，每次3里，这对朱老的“老而强壮”起了很大的作用。当然，散步的关键不在于形式，而在于能否持之以恒。

冬泳

冬泳可以降低体温，延年益寿。早在新中国成立之初就有人进行冬泳活动，但是，作为一项群众性的运动，冬泳是从20世纪80年代兴起的。通过对冬泳者体质与健康的研究，可以肯定地说对健康确实有益。

太极拳

太极拳巧妙地融合了气功与拳术的长处，动静结合，在全身运动的基础上，尤侧重腰脊及下肢的锻炼。它运动量适中，老少咸宜，既适用于强健者增强体质，又适用于多病者康复锻炼，尤其适合中老年人强身抗衰，被誉为是中老年人的黄金项目。许多研究报告表明，长期进行太极拳锻炼，不仅对骨关节、肌肉、神经、血管等运动系统有益，而且对内脏，尤其是心血管系统也有良好的影响。

此外还有简便易学的保健功十六法、养生十六宜、自我保健按摩、自我健美按摩等。当然，对于行动不便者，静坐也是一项很好的运动它，可使人气血平和，阴阳平衡，还能祛病强身，增强耐寒和消化能力，也可润泽肌肤，达到美容的功效。

每个人的实际情况不同，不可能从事多种运动，只能在自己身体条件允许的情况下，选择一项适合自己的运动项目。对一般人来讲，运动就是为了强身健体，而不是为了夺冠，所以，选择一项适合于自己的运动项目是很容易的，也可以根据实际情况自行设计适合自己的运动项目。

选择一项运动项目，关键是要能持之以恒，坚持下去就会见到效果，运动不仅加强了自己的身体素质，而且还培养了自己的意志和毅力。如果一个人一直坚持一项运动项目，就有可能成为这方面的强手和高手，也可能因此而获得比赛的奖杯，很多吉尼斯世界纪录就是被那些坚持某项运动的人夺取的。

读书是追求成功的法宝

读书是我们追求成功最重要的法宝，因为任何真正的成功都离不开知识的铺垫，决不要把读书看成是不得不执行的任务，最好把它看成是一个令人羡慕、不可多得的提升自己的机会。奥里森·马登说过这样一段话：“即使再贫穷的孩子也可以利用自己的闲暇时间来读书，丰富自己的知识，书籍可以使我们把可能浪费的点滴时间节约起来，它可以使我们那些原本会被浪费掉的人生积累成为珍贵的记忆。想一想，这些点滴时间带给我们的宝贵财富，是多么的可贵啊！”他还认为，“生活在美国的年轻人可以通过读书获得比大学教育更好的教育”。

其实，中国的年轻人又何尝不是如此呢？现代人的生活丰富多彩，有看不完的电视节目，有奇趣无穷的网络世界，有永远也玩不完的电子游戏，还有广播、电影、各种俱乐部、迪厅、沙龙、康乐宫……而对于读书，你是不是已经提不起多大的兴趣呢？

人变得浮躁，很难静下心来读书。

但是，这并不能说明读书在你的生活中已不再重要。事实上，读书不但仍然是我们获取知识和技能的重要途径，还是陶冶我们的情操、丰富我们的生活，以至于有益于我们身体健康的优良习惯。

在这里要说明的一点是，所谓读书，是广义上的“读书”，如今的你可以读纸质的书，也可以读“电子书”“网络书”“音像书”，总之，可供学习的一切“书”，你都可以读。

读书，是我们掌握知识的法宝之一。人非生而知之，都是通过后天的学习和实践获得知识的。而直接经验与间接经验相比，后者占的比重更大。利用书籍，你能使自己在短暂的人生中，学到那些超出自己所能体验的数个世纪之前的智慧。17世纪的丹麦医学家巴兹林说过：“假如世界上没有书的话，就没有神、没有正义、没有自然科学、没有完美的哲学、没有文学……而且，世界上的一切，都仿佛在黑暗之中。”

一本好书通常是作者多年或一生智慧的结晶，你以短短的几小时或几天的时间来换取这些智慧，真是一件幸运的事。爱迪生说：“书籍是天才留给人类的遗产，世代相传，更是给那些尚未出世的人的礼物。”我们应该这样来提高读书的自觉性。

人类正在脱离工业文明时代，进入知识经济文明时代。在这个时代，谁拥有更多的知识，谁就拥有更多的主宰权。1991年，美国企业界就有人认识到知识价值和知识资本的重要性，认为“现在的资本意味着知识，而不仅仅是金钱”，世界财富将转移到知识资源掌握者手中。

在今天，谁没有知识，就可能被淘汰。知识当然要通过实践来学到，但除了确实没条件读书的人以外，完全靠在实践中摸索，那是愚蠢的人的做法。书本知识要和实践结合，但不读书，又从哪里得来书本知识呢?

如果你有远大志向、渴望为人类做出贡献，那自然要有深厚的知识功底，即使你只想做一个普通人，也需要求职，要胜任工作，要生存下去，在今天这样竞争激烈的社会，没有足够的知识是不行的。你或许羡慕计算机软件人员的高薪，但你要知道，为拥有专业知识，他们付出的学习时间和精力远比常人要多。你要去做财务总管吗？你怎能不懂财务的知识？你要在股市上赚钱，就应该有起码的证券知识。生物技术、纳米技术、电子商务、资本运作、企业管理、国际金融……你要成为某一领域的佼佼者，你就得读书，就得学习。知识更新的速度非常快，你必须有终生学习的心理准备和毅力。

一切东西都可以满足，金钱、住房、汽车、享乐……只有读书和学习永不满足。奥里森·马登说：“任何一种容器都装得满，唯有知识的容器大无边。”

或许会有人会说：“我已经有了够花几辈子的钱，我干吗还要读书学习？”当然，你可以不读书，但你今后的人生必定是庸俗的人生，愚蠢的人生。王安石说：“贫者因书而富，富者因书而贵。”这个“贵”，是指气质的高贵，人品的高贵。你愿意当一个没有知识修养的土老财吗？

古人常说，开卷有益。读专业书，有益于自己的工作；读杂书，则可以开阔自己的视野；读优秀人的书，则可以培养自己高尚的情怀。英国哲学家培根说：“读史使人明智，读诗使人灵秀，数学使人严谨，物理学使人深刻，伦理学使人庄严，逻辑学、修辞学使人善辩。凡有所学，皆成性格。”这段话精辟地说出了读书对人修养的益处。

也有人说：“我也想读书，可实在是没有时间。”真没有时间吗？鲁迅说：“我是把别人用来喝咖啡的时间，用在读书写作上了。”他还说说：“时间就像海绵里的水，你只要挤就会有的。”宋代大文学家欧阳修说他读书是“三上”：马上，枕上，厕上。

当然，读书也自有学问，不是只要读书就能获益。

读书要有选择

俄国文学批评家别林斯基说：“我们必须学会这样的本领：选择最有价值、最适合自己所需的读物。”俄国作家屠格涅夫说：“不要读信手拈来的书，而要严格地加以挑选。要培养自己的趣味和思维。”读书要有选择，不仅是因为书籍很多，我们的时间和精力有限，更重要的是书籍的，良莠不齐。若不加选择地读书，很可能读了一堆“垃圾书”，不但白白浪费精力，还会使自己思维混乱、趣味低下。在图书的选择上，可以听听父母、师长和名家的推荐意见。在美国，就有为中学生规定的20多部必读书，其中文学、哲学、自然科学都有，还包括《共产党宣言》。中国的教育部门也为中学生规定了一些必读书，包括中外古典名著等。其实这些书，对于那些没读过它们的成年人，也值得一读。

读书的面不要过窄

读书的目的有很多种，有的人读书是为了消遣，有的人是为了学习实用知识，也有的人是为了充实自己的人生。从读书的最佳目的来讲，我们应该在消遣和实用之外，更注重人生的充实，因此，不要只读武侠、言情小说等消遣性书籍，更应该读一些优秀的文学和社会科学读物，一些科普读物和哲学读物也应该读一读。这样读书能使我们开阔视野和心胸，有助于人格的完善。读书也不要只读自己偏爱的作者的书。鲁迅说过：“只看一个人的著作，结果是不大好的，你就得不到多方面的优点。必须如蜜蜂一样，采过许多花，才能酿出蜜来，倘若盯在一处，所得就非常有限、枯燥了。”

读书要能消化

读书是为了获得知识，而不是图“眼饱”，这就如同吃了许多食物，胃部却没有消化吸收，只会对损害身体健康。徐特立说：“我读书的方法总是以‘定量’‘有恒’为主，不切实际地贪多，既不能理解又不能记忆。要理解，必须记忆基本的东西，必须‘经常’‘量力’才成。”俄国教育家乌申斯基说：“书籍不仅对那些不会读书的人是哑口无言的，就是对那些机械地读完了书而不会从死字母中吸取思想的人，也是哑口无言的。”

精读与泛读

为了解决书多和时间精力有限的矛盾，聪明的读书人都采取精读和泛读相结合的办法，就是对于必须读的书仔细阅读，而对于只需大致了解的书则粗略一些。陶渊明好读书，他的方法是对已知的内容或不重要的内容“不求甚解”，而对于重要的内容或有新意的内容则“每有全意，欣然忘食”。鲁迅一生读书很多，除了对部分精读外，对其余的书则采取“随便翻翻”的办法。泛读决不是不动脑子，机械地读书，而是先注意其中的闪光点，这是需要精读的内容。这种读书方法需要一个锻炼过程，作为读书经验尚少的人，还是应以精读为主，宁可初期读得慢一些，也不可“一目十行”地囫囵吞枣。

读书还有许多好的经验，如作读书笔记、摘录、背诵好的文章等，如古人说的：熟读唐诗三百首，不会做诗也会吟。这里就不一一细说了。

总之，养成读书的习惯吧！读书能使你更趋完善。知识像烛光，能照亮一个人，也能照亮无数后人。

最后，让我们欣赏一段关于书与输的绕口令：书是书，输是输；有书不会输，输的不会是书；输了要认输，不要任书；看书不会输，不看书就会输；怕输的人看见人家看书他也看书，看书的人喜欢别人看书，他一点也不怕输；怕输就不能无书；无书不怕输也会输；无书又怕输，肯定输了又输。

养成勤学好问的习惯

法拉第是如何发现电磁感应原理，而使电气发动机和电流传达变为现代最有用的东西呢？贝尔的电话是偶然发明的吗？马可尼的无线电是碰巧发明的吗？这些发明家所看见的现象，也有其他的人看见过，他们储藏事实的仓库并不比常人大多少，但常人所造出的东西却比他们少，这是什么缘故呢？为什么最后成功的是它们呢？

在奥里森·马登看来，这些人成功的秘诀，说起来实在简单。他们每人为自己的心智门前安排了一个“哨兵”，尤其是他们的眼睛和耳朵，查询每一个进来的客人，不断地问一些问题：你是什么人？为什么要进来？你与刚才进来的一些有什么关系没有？你的相貌为什么要长得这样？你的声音为何与我刚才所听见的不同？你有什么好处？为什么你能被允许进来？为什么？为什么？为什么？这些科学家勤学好问的习惯，几乎达到无法控制的地步。

提出疑问是有代价的，但是，假使你问了没有结果又如何呢？如果你不断地问，问得足够时，便会引导你问到一个最要紧的问题上。如果你从来不问，便看不到问题；如果从来没有见过问题，当然就不能尝试努力解答。每一个成功的事物都是问题的答案。

奥里森·马登说：如果一个人不停止问问题，世上就没有愚蠢的问题和愚蠢的人了。

如果有人说我们的问题问得蠢，多半是因为他们不能回答的缘故。父母回答儿女的问题，也是直到他们不能回答时，才停止不许再问。一个工头如果懂得不多，也是不喜欢工人多问问题的，因为这会使他出丑。另一方面，问问题是一种艺术。一个人不能在不适当的时候问问题，也不应以一种纠缠的态度或故意取笑被问者无知的态度来问问题。

当你问问题却得不到满意的结果时，多半表示你问错了人。这次碰钉子并代表你以后不应再问了，而是说明你应当找别的方法去得到答案。如果一定要问别人才能得到答案，就必须问一个确实知道这个答案的人。去纠缠那些不晓得答案的人是一件最蠢的事。

最好的方法，还是自己找出想要的答案。无论什么问题，一旦想解决，绝不是拿着别人无知的话当作最后的决断。成功者未必能解决每一个问题，但他们不会因为别人说不能解决，便以为真的不能解决。

爱迪生的一生，从没有停止问“为什么？”他虽然没有将自己所问的问题都求出答案，但他所得出来的答案却是多得惊人。有一天，他在路上碰见一个朋友，他看见朋友手指关节肿了。

“你的手指为什么会肿？”爱迪生问。

“我还不晓得确实的原因是什么。”

“为什么你不晓得？医生晓得吗？”

“每个医生说的都不一样，不过多半医生以为是痛风症。他们告诉我说这是因为尿酸淤积在骨节里。”

“既然如此，他们为什么不从你骨节中取出尿酸来呢？”

“他们不晓得如何取。”朋友回答。

这时的情形好像一块红布在一只斗牛面前摇晃一样：“为什么他们会不晓得如何取呢？”爱迪生生气地问道。

“因为尿酸是不能溶解的。”

“我不相信！”这位世界闻名的科学家回答说。

爱迪生回到实验室里，立刻开始试验尿酸到底是否能溶解。他排好一列试管，每只管内都灌入四分之一的不同化学液体，每种液体中都放入数颗尿酸结晶。两天之后，他看见有两种液体中的尿酸结晶已经被溶解了。于是，这位发明家新的发现问世了，这个发现很快地传播出去，现在这两种液体中的一种在医治痛风症中普遍受到采用。

重要的，不是在于你能否得到答案，而是在于保持疑问的态度。一名著名学者说：得到真正教育的唯一方法便是发问，我们只问我们要学的，你之所以问一个问题，便是因为你想晓得它的答案，因为你想要晓得，于是就在心里记得。所以，一个时时产生问号的头脑是一项很大的财产。

一个时时产生疑问的人，可以从好多方面以不惊动别人的方法得到知识。我们当然无须纠缠那些不晓得答案的人，然而，在另一方面，假使你努力寻找知识或答案，你可以从很卑微或想不到的地方获得。林肯利用“问话式的交谈”得到了许多关于他急欲获得的知识，菲尔德曾从一个看门人那里得到许多有价值的知识。这个看门人认识所有重要的顾客，知道他们有多少小孩，他们的年龄等，他也认识各店的总经理，对于店铺各方面的知识非常丰富。当菲尔德在温泉区休养的时候，就坚持送信给这位看门人，要他来住几天，然后一直问他问题——希望把他所有的知识都挤出来。

许多人不愿意问别人，不喜欢承认别人比自己懂得多，这是一种极愚昧的自傲心理。假如你请教他人时是一种早已晓得的态度，那你最好别问。不论你所请教的人如何卑微，你的发问态度必须诚恳，要有一种真正想知道的态度。想从别人身上得到知识的唯一秘诀，便在于你能使别人感觉到你确实承认和敬佩他们高深的知识。这种诚意的敬重能打开别人如泉涌般的心门，而你也能得到收益。

要端正关于问问题时应持的态度，就要不断地承认你自己在某些方面的无知，承认世上有许多事情有待你去学习。譬如，你承认一个佣人所知道的有关家务方面的常识比你多些，或许你就可以从她那儿学到些什么。反之，如果你自以为比旁人知道得多，即使你和他们交谈是要证明他们比你愚蠢，那你已在成功的路途上走错了方向。

卡伦博士提出了一些问题，看你在碰到的机会里是否尽量利用了你的好奇心，看看自己对这些问题能否给出肯定的答案。

“你是否尽量用好奇心证明你是一个很活跃的人呢？”

“你是否充分利用了你的好奇心想要知道你事业的一切，以及与其有关的事？”

“关于科学、经济、艺术、道德或历史等书，能激起你的好奇心吗？是否这类读物都引起你好奇的行动呢？假使不是如此，那么你的心智便容易变得不留神和空虚无物。”

8

戒绝吸烟的恶习

我们已经看惯了身边有抽烟的人，习惯了香烟的味道，虽然我们都知道吸烟有害身体健康，可大多数人对此往往不予重视。

在这个问题上，奥里森·马登并不想与成年人讨论到底该不该抽烟的问题，在他看来，成年人有权决定自己的爱好，可以为自己的身体健康负责，对于吸烟的人来说，他们都知道吸烟有害身体健康，但他们总能找到这样或那样的理由让自己继续这种恶习。

奥里森·马登最想做的，是提醒那些还没有成年的男孩子或者还没有烟瘾的年轻人，不要去接近香烟，不要去猜测香烟的味道。事实证明，绝大多数人如果在青年时代没有吸过烟，那么他一生都很难养成吸烟的恶习。

第一次吸烟的年轻人应该扪心自问——我能够冒得起这么大的风险吗？我难道要步那么多人的后尘，让香烟毁掉我的健康、力量和智慧，现在和将来所有的幸福吗？

这是奥里森·马登对年轻人的劝诫，他认为对于这个问题，年轻人应该坚决地说："不，在我的身心变得更加成熟前，我决不会尝试吸烟。"另外，奥里森·马登还认为，吸烟所造成的另外一种可怕的结果，就是它对人们精神和智力上的损害。在他看来，宇宙中人类最伟大，而人类的伟大之处就在于智慧。而对于一个吸烟者来说，他就是在亲手破坏自己的智慧。

对于正在长身体的青少年来说，香烟的第一危害是会伤害他们的身体，会毁了他们的健康。烟草中含有的尼古丁是一种有毒物质，它能使人体的中枢神经产生兴奋和快感，吸一支烟或许有令人清醒的效果，在这种“魅力”的诱惑下，有人错误地认为吸烟能提神，还可解除疲劳。其实，烟吸多了，就会有镇静、麻醉作用，使人的肉体和精神都产生一种需求，这就是不可思议的“烟瘾”。

直接吸烟有害，间接吸烟也无益，会对呼吸道、心血管系统、消化系统等器官有不同程度的危害。德国一位肿瘤防治专家根据研究得出一个惊人的结论，即被动吸烟比直接吸烟的危害更大，吸烟时产生的40多种有害物质，特别是高浓度的亚硝胺扩散到周围空气中，被动吸烟的人比直接吸烟的人会吸入更多，相当于每小时吸30支烟。

一位医学专家曾做过这样一个实验：他每天对狗喷烟，过了一段时间，发现狗竟得了肺癌。在吸烟所诱发的癌症中，肺癌居第一位，其次是舌癌、唇癌、食道癌、喉癌等。

把吸烟称为“现代的鼠疫”，如今不会被认为是危言耸听了。烟草可以说是一种慢性自杀剂，它的化学成分十分复杂，仅有毒物质就有20多种。而香烟点燃后产生的烟雾中，据分析竟有多达750种以上的刺激和毒害细胞的物质，且浓度之大很是惊人。例如，在抽烟的房间里，空气中的一氧化碳含量要比一般房间高出几十倍。吸烟的人大口大口地直接将烟吸入肺中，肺中的一氧化碳大大高于平常人，这就降低了血液运送氧气的能力，影响人体的新陈代谢，降低了氧气对大脑的供应，这是抽烟人出现头痛、头晕的重要原因。

烟草中含有烟碱（尼古丁），对人的血液循环系统危害很大。它会使血管发生痉挛，血压升高，胆固醇易沉积在血管壁上，使人的血液流通产生阻塞，形成冠状动脉硬化性心脏病。

香烟中含有剧毒物质烟焦油，会使肺的上皮细胞损伤和变形，细胞粘液分泌增多，减弱纤毛运动，降低人体的排痰能力。烟焦油内所含的苯比蒽和亚硝胺具有强烈的致癌作用，可直接使吸烟者的身体器官发生癌病变。

香烟中的烟雾微粒对人的呼吸系统危害更明显。这种微粒对人的呼吸道会产生长期刺激，使气管和支气管发生炎症，慢慢形成支气管炎，严重者还可能进一步发展成肺气肿和肺原性心脏病。

吸烟虽然能给人以暂时的快感和兴奋，但过后所产生的麻痹和伤害，却是更为持久的。

事实证明，吸烟对青少年的健康危害更大。由于青少年正处于生长发育过程中，各种生理器官都还没有发育成熟，对外界各种有害物质的抵抗能力较弱，易受伤害。据统计，肺癌发病率与开始吸烟的年龄有直接关系。如20～26岁开始吸烟者，肺癌发病率为不吸烟者的10倍，15～19岁开始吸烟者的发病率为不吸烟者的15倍，小于15岁吸烟者这一数据为不吸烟者的17倍。童年时期就有吸烟习惯的成年人比不吸烟者死亡率高，如15岁以前开始吸烟者比25岁开始吸烟者死亡率高55%，比不吸烟者高1倍多!

以上是从危害个人健康的角度说明不应吸烟的道理。再从经济方面看，要吸烟就得手头有钱，年轻人，尤其学生经济尚不独立，一旦吸烟成瘾，势必要想方设法找钱买烟。事实上，由吸烟开始而步入歧途的青少年为数不少。

同时，我们还要看到，吸烟不仅危害个人，还会造成环境卫生的污染，人际关系的腐化，更有约15%的火灾也是由于吸烟不慎而引起的。可见，吸烟有百害而无一利，它不再是无关宏旨的个人小事。随着整个社会文明的前进发展，吸烟终将被摒弃于现代生活之外。对于这一点，我们应当有足够的认识。你如果不相信，请看以下事实：

世界卫生组织曾在1970年、1971年、1976年的世界卫生大会中制订戒烟策略，在1986年第39届世界卫生大会上，又通过了戒烟的22项决议。北欧的瑞典，1964年在世界上首先成立了全国性吸烟与健康协会，进行大规模的卫生宣传教育活动，1970年就出现了令人欣慰的状况：肺癌的发病率急剧下降。

反吸烟运动在美国已成为一种政治策略，有17个州、数百个地区规定在办公室吸烟属于违法行为。报纸招工广告上往往也会特意标出："只招收不吸烟者！"在职吸烟者则有被解雇或失去晋升机会之虞。自1964年以来，美国抽烟者的比例大幅度下降，进行调查时发现有40%的成人抽烟，当时美国医生普遍提出了抽烟与癌症、心脏病及其他健康问题的关系，并对此提出警告。到1986年底，经全国疾病控制中心对1.3万多美国成年人进行调查，发现成人抽烟比例已下降为26.5%了。由公共卫生署直接领导的戒烟运动一浪高过一浪。

日本等国家采取了录制戒烟录音、打戒烟电话等措施。

意大利最近颁布了世界上第一部"严禁吸烟法"。

……

第八章

专心做好一件事

做事要保持专注之心

专注——成功的神奇之钥。在把这把钥匙交给你之前，先让奥里森·马登告诉你它有哪些用处：它将会打开通往财富之门，它将会打开通往荣誉之门，它将会打开通往成功之门。

在很多情况下，它还将会打开通往教育之门，让你进入所有潜在能力的储藏之所。

于是，在这把神奇之钥的帮助下，我们就会一一打开通往世界上各种伟大发明的秘密宝库之门。

每一个获得巨大成功的人，如卡耐基、洛克菲勒、摩根等人都是在使用了这把钥匙后，拥有了神奇的力量，最终变成大富翁。

除了这些，它还会打开监狱之门，把人类的渣滓变成有用的、有责任感的人。

是的，就是这么神奇，就是这么有效，只要你拥有了这把“神奇之钥”——专注或者叫做专心，你最终会走向成功。

现在，我们来看应该如何学会专注：

切勿分散力量

《成功杂志》庆祝创刊100周年时，编辑们曾经摘录了一些早期杂志中的优秀文章。在这些优秀文章中，令人印象最深的是西奥多·瑞瑟写的一篇摘录文章。

以下是他和爱迪生访谈的部分内容：

瑞瑟：“成功的第一要素是什么？”

爱迪生：“每个人整天都在做事。假如你早上7点起床，晚上11点睡觉，你做事就做了整整16小时。其中大多数人肯定一直在做一些事。不同的是，他们做很多很多事，而我却只做一件事。假如你们将这些时间运用在一件事情、一个方向上，那就更有可能取得成功。”

把握现在

包括我们在内的大多数人不是略微超前，就是略微落后，可又有谁能准确无误地把握现在呢？假如他们正在与人交谈，他们可能会同时回想自己刚才说的话、别人说过的话、甚至一些无关的事情。

我们不妨去从表演艺术中学习宝贵的经验。在表演艺术中，最好的演员最能融入现在。他们即使把台词背得滚瓜烂熟，也会对接下来的表演有着全新的感觉。我们缺乏的就是这一点。

我们也必须融入现在。融入现在需要集中注意力，要做到两个方面：一是目标，要注意正在发生的事；二是密集度，由于集中所有的力量在一件事情上，也就产生了密集度。

奥里森·马登曾经问著名的马戏表演者冈瑟·格贝尔·威廉斯，对继承他事业即将成为驯兽师的儿子有何建议时，他回答说：“我告诉他要在场。”这位世界知名的驯兽师进一步解释：“当他在马戏场中与狮子、老虎、豹在一起时，他可不能心在不焉，他的心一定要在马戏场上，否则就有性命危险。”当然，不仅在马戏场上，心不在焉对任何事情都有可能造成灾难。

租车专家迪克·比格斯现在可以对那次丢脸的分心经验一笑了之，可是在当时一点也不好笑。当年可口可乐公司为亚特兰大第二届10公里长跑赛提供了巨额赞助。面对着申请表格、各种媒介、T恤和比赛号码上等处处所见的可口可乐商标，担任大会名誉总裁的迪克·比格斯却在台上说：“我们感谢赞助商百事可乐。”这可惹恼了站在他身后的可口可乐的代表：“是可口可乐，白痴！”随之，上千名的参赛者也一起起哄，弄得比格斯顿时下不了台。他后来追悔地说：“我也知道是可口可乐，可是我当时失神了，从要命的那一天起，我明白了专注比事实更重要。”

激发满溢状态的潜能

所谓满溢状态，即行为发生在精神高度集中之时，由于心智状态过于专注而忽略其他无关事物的存在。

作为专精于研究满溢状态行为的专家米哈利，曾经利用类似竞赛的挑战状态，成功地激发出满溢状态行为。通过试验证明，满溢状态最有可能发生在个人处于与任务难度约略相当的情况下，如果任务很难，人会感觉焦躁不安；如果任务太简单，人反而觉得更无聊。

由于处在满溢状态下的人会丧失对时间的感觉，而且在满溢状态下，人会完成通常无法完成的高难度工作，所以满溢状态行为被列入时间管理技巧。在《利用右脑》一书中，贝蒂·爱德华描述了可以造成满溢状态或类似情形的经验技巧，她的方法是根据左脑的机制，即语言、分析、符号、理智、数字、逻辑与线型；而右脑的机制则由非语言、组合、非理智、直觉与道德的观念而来。爱德华对这种经验有着精妙的描述："那是一种从未有过的经验。当我工作得很顺利的时候，我感到自己的工作就如同画家与手中的作品合二为一，我兴奋极了，但极力克制着。那种感觉并不完全是快乐，倒更像是幸福。"

狂热与沉迷

这种技巧像其他技巧一样未必适合于每个人，有的人很有成就但对沉迷并不那么感兴趣。无论怎么讲，沉迷于事业、工作的人，可以做比平常人更多的事情，并且通常很有效率。《烟草路》与《上帝的小乐园》的作者厄斯金·卡德韦尔，由于总是以事业为重，奉工作为上，导致婚姻三次破裂，而且连亲密朋友也没有。富卡感慨地说，在过去的岁月里，除了事业外，他竟毫无其他的乐趣。

作家艾萨克·爱斯莫夫为了不影响自己的写作，竟放弃了度假。他认为，最难做的事，是有人打断他写作时，自己还得强颜欢笑。亨利·福特对比也有同感："我有的是时间，因为我从来不离开工作岗位；我不认为人可以离开工作，他应该朝思暮想，连做梦也是工作。"这些话让我们听来，简直有点儿不可思议，但他们就是那样做的。

有人会认为这些人不该把精力和时间浪费在这些事物上，可他们自己并不这么认为。因为在他们眼中，那是乐趣而不是牺牲。李·特里维特说得好："我就爱这种比赛。"我们没有必要为这些沉迷的人感到难过，虽然其中原因很多，有些是来自无知、天真或沮丧，甚至有的是来自罪恶感。无论怎么说，我们应为他们那种沉迷的态度折服，我们也该沉迷于自己所做的事，丰富我们所接触的每一件事。

做事要分清轻重缓急

奥里森·马登成功学的一个核心观点就是“专心做好一件事”，在陈述这个观点时，奥里森·马登指出，要想一步一步地把事情做的有节奏、有条理，就必须注意做事的章法，不能眉毛胡子一把抓，不分轻重，否则，会导致很坏的结果。

有些人，在处理日常事务时，总想一下子做完，看到哪件急哪件，捡了西瓜就丢芝麻，他们不知道事情的轻重缓急，以为每件事都很重要，每件事都要做好，结果不但时间被忙碌打发掉，事情却一件都做不好。

善于做事的人根据的是事情的紧迫感，而不是事情的优先程度。把一天的时间安排好，这对于一个想做成事的人来说，也是很关键的。

在紧急但不重要的事情和重要但不紧急的事情之间，你先做哪一个?

在现实生活中，有些人做事总是没有章法，正如法国哲学家布莱斯·巴斯卡所说：“把什么放在第一位，是人们最难懂得的。”这些人完全不知道怎样把人生的任务和责任按重要性来排列处理，他们以为工作本身就是成绩，其实不然。

奥里森·马登举了一个这样例子，我们在学校学习的过程中，最缺的是什么？可能有许多人会认为最缺的就是钱。确实，在这个时期，对于我们的一生而言，学习最重要的，但却不是最紧急的，而钱对我们是紧急的（我们会举出许多理由，如我们已经长大了，不想要父母的钱，等等，但却不是最重要的。在这个十字路口，我们如何选择？

对这个问题，不同的人有不同的选择。有的早早就选择弃学从商，有的依然选择在校学习，而更可悲的是，有些人无论是弃学经商还是在校学习，他都不知道他在做什么。

实际上，懂得如何取得成功的人都明白轻重缓急的道理，他们在处理一年或一个月、一天的事情之前，总能按分清主次的办法来安排自己的时间。面对大的选择时，也一样。

把重要事情摆在第一位

商业及电脑巨子罗斯·佩罗说："凡是优秀的、值得称道的东西，每时每刻都处在刀刃上，要不断努力才能保持刀刃的锋利。"罗斯认识到，人们确定了事情的重要性之后，不等于事情会自动办得好，或许要花大力气才能把这些重要的事情做好。而始终要把它们摆在第一位，你肯定要费更大的力气。下面是有助于你做到这一点的三步计划：

1. 估价。首先，你要用目标、需要、回报和满足感四个原则对将要去做的事情做一个估价。

2. 去除。去除你不必要做的事，把要做但不一定要你做的事委托别人。

3. 估计。记下你为达到目标必须做的事，包括完成任务需要多长时间，谁可以帮助你完成任务等资料。

精心确定主次

在确定每一年或每一天该做什么之前，你必须对自己应该如何利用时间有更全面的看法。要做到这一点，你要问自己四个问题：

1. 我从哪里来，要到哪里去。

我们每一个人来到这个世界上，都有着属于自己的命运。每个人都肩负着一个沉重的责任，按自己制定的目标前进。也许再过20年，我们每个人都有可能成为公司的领导、大企业家、大科学家。所以，我们要解决的第一个问题就是，我们要明白自己将来要干什么？只有这样，我们才能持之以恒地朝这个目标不断努力，把一切和自己无关的事情统统抛弃。

2. 我需要做什么。

要分清轻重缓急，还应弄清自己需要做什么。总有些任务是你非做不可的。重要的是你必须分清某个任务是否一定要做，或是否一定要由你去做。这两种情况是不同的。非做不可，但并非一定要你亲自做的事情，你可以委派别人去做，自己只负责监督其完成。

3. 什么能给我最高回报。

人们应该把时间和精力集中在能给自己最高回报的事情上，即会比别人干得出色的事情上。在这方面，让我们用巴莱托定律来引导自己：人们应该用80%的时间做能带来最高回报的事情，而用20%的时间做其他事情，这样使用时间是最具有战略眼光的。

4. 什么能给我最大的满足感。

有些人认为能带来最高回报的事情就一定能给自己最大的满足感，但并非任何一种情况都是这样。无论你地位如何，你总需要把部分时间用来做能带给你满足感和快乐的事情，这样你会始终保持生活热情，因为你的生活是有趣的。

根据轻重缓急开始行动

在确定了应该做哪几件事之后，你必须按它们的轻重缓急开始行动。大部分人是根据事情的紧迫感，而不是事情的优先程度来安排先后顺序。这些做法是被动的而不是主动的。懂得生活的人不会这样，而是按优先程度开展工作。以下是两个建议：

1. 每天开始都有一张优先表。

伯利恒钢铁公司总裁查理斯·舒瓦普曾会见过效率专家艾维·利。艾维·利说自己的公司能帮助舒瓦普把他的钢铁公司管理得更好。舒瓦普承认他自己懂得如何管理，但事实上公司情况确实不尽如人意。可是他说自己需要的不是更多的知识，而是更多的行动。他说："应该做什么，我们自己是清楚的。如果你能告诉我们如何更好地执行计划，我听你的，在合理范围之内价钱由你定。"

艾维·利说可以在10分钟内给舒瓦普一样东西，这东西能使他公司的业绩提高至少50%。然后他递给舒瓦普一张白纸，说："在这张纸上写下你明天要做的6件最重要的事。"过了一会儿，他又说："现在用数字标明每件事情对于你和你的公司的重要性次序。"5分后，艾维·利接着说："现在把这张纸放进口袋，明天早上第一件事是把纸条拿出来，做第一项。不要看其他的，只看第一项。着手办第一件事，直至完成为止。然后用同样的方法对待第二项、第三项……直到你下班为止。如果你只做完第一件事，那也不要紧。你总是做着最重要的事情。"

艾维·利又说："每天都要这样做。你对这种方法的价值深信不疑之后，叫你公司的人也这样干。这个试验你爱做多久就做多久，然后给我寄支票来，你认为值多少就给我多少。"

整个会见历时不到半个钟头。几个星期之后，舒瓦普给艾维·利寄去一张2.5万美元的支票，还有一封信。信上说，从钱的观点看，那是他一生中最有价值的一课。5年之后，这个当年不为人知的小钢铁厂一跃成为世界上最大的独立钢铁厂，而其中，艾维·利提出的方法功不可没。这个方法还为查理斯·舒瓦普赚得一亿美元。

2. 把事情按先后顺序写下来，定个进度表。

把一天的时间安排好，这对于你成就大事很关键，因为这样你可以每时每刻集中精力处理要做的事。同样，把一周、一个月、一年的时间安排好，也很重要。这样做给你一个整体方向，使你看到自己的宏图，从而有助于你达到目的。

总之，无论做什么事都要分清轻重缓急，做出最恰当的决定和最合理的安排，生命才有意义。

做事要有永不放弃的精神

只有一种人永远失去改变自己人生的机会，那就是死人，所以，只要还活着，有什么事情不能解决呢?

奥里森·马登认为，坚定地朝目标前进，从不妥协、从不灰心，永不放弃，在人类社会中，没有哪种品质比这种品质更值得人们尊敬了。

下面是奥里森·马登在其作品中提到的一个例子：

鲍比是某时尚杂志的总编辑，他才华洋溢，个性豁达、开朗，他的生活哲学是："生活，简单、快乐就好！"

但是，如此放得开的人，却不幸地遇上了可怕的病魔。有一天早上，43岁的鲍比突然因脑中风倒下，而他的人生，也在此时发生了重大的转折。

死里逃生的鲍比，经过几个星期的抢救，终于度过了危险期。但是，病魔仍然夺走他身上的许多东西，他瘫痪了，不能言语也不能行动，甚至连呼吸也要依靠器械辅助。

不过，他仍然乐观地告诉自己："还好，我还能思考！"

他靠着还能灵巧活动的左眼与外界沟通。这只深色的眼睛，时而眯着，时而闭上，时而瞪大，他努力用这几个简单的动作，传递着自己生命的活力与讯息。

鲍比利用这只眼睛，努力地与医生沟通。当医生拿着字母反复朗读时，会仔细观察鲍比的左眼，只要他眨一次眼睛，便表示“是”，眨两次便代表“不是”，然后医生会记录下鲍比所选择的字母。

两个人居然通过这个“眨眼”的动作，完成了一本书，名叫《潜水钟和蝴蝶》。

该书出版后更是引起一阵热烈的讨论，因为，每个人都被这个不可思议的写作方式感动，并感到震撼。

当厄运降临时，鲍比仍能靠着自己乐观的意志力，爬出命运的低谷，并重新展翅在灿烂的阳光下，实践他“快乐生活”的人生态度。我们这样四肢健全、头脑发达的正常人呢？是不是应该有更多快乐生活的理由？

生活可以用很多方式表现，只要还能呼吸，我们就有很多事情可以继续。即使是失去了一条腿的青蛙，也能靠着水流到达它梦想的天地。我们又岂能因一点点的不幸而失去对生活的希望？

“菲亚特”是“意大利都灵汽车制造厂”的缩写，菲亚特历经90年艰辛坎坷的创业，从小到大，从国内到国际，靠的就是坚韧不拔的精神。

20世纪70年代初期，西方世界爆发了能源危机，汽车工业首当其冲，受影响最大。菲亚特创办者阿涅利在严峻的现实面前，勇于开拓，千方百计降低生产成本，研制低油耗车，最终以竞争性的价格赢得了胜利。

当阿涅利集团丢掉“病人膏盲”的阿尔法罗密欧汽车公司的包袱时，福特汽车公司准备全部购买，乘机侵入意大利市场。为了“拒狼于门外”，阿涅利适时地抛出一套全面拯救罗密欧的计划，这一举动一下子轰动了当时的欧美世界，却也因此遭到许多嘲讽和讥笑，但阿涅利毫不顾及那些，下定决心，在意大利政界及各派势力的协助下，阿涅利战胜了强敌，使“帝国”的版图得以扩大，并最终成为欧美各界闻名遐迩的大公司。

所以当你尽了最大努力还是没有成功的时候，也不要放弃，只要开始另一个计划就行了。

拿破仑·希尔和他的朋友合作开发一种产品，虽然产品成功地开发出来了，但是卖不出去，希尔幸运地退出了，而他的朋友却损失了很多钱。但是朋友却说：“我并不怕失去金钱，使我真正害怕的是失败让我变成一个怯懦的人，如果是那样的话，我就永远没有成功的机会了。”

美国柯立兹总统曾说过一句富有哲理的话：“世上没有一样东西可以取代毅力，才干也办不到。一事无成的天才非常普遍，学无所用的人比比皆是。只有毅力和决心使你百战不殆。”

就像奥里森·马登说的：“如果你看到自己为之付出一生的事情遭到了破坏，那么就请弯下身子，从头再把它们建造起来吧！”

在一个人的体内，有一种任何失败和挫折都无法击垮的东西，一种能够克服任何失败和挫折所造成的磨难的东西。如果能意识到这一点，你就已经在自己伟大的生命中打开了新的资源宝库，你就能利用一种新的从未被利用过的力量，当人们处在前无去路、后有追兵的时候，当人们陷入绝望境地的时候，这种力量就会在人的身上表现出来。如果他们此时此刻仍然带着一种永不屈服的坚定决心，拒绝承认失败并屹立不倒的话，他们的经历中就会留下一些值得自豪的东西。他们不会为过去感到羞愧，而会对未来充满自豪感，对重新开始的生活充满信心，利用从过去的失误中得到的智慧来创造一个崭新的未来。

做事要准确并且迅速

奥里森·马登曾经对一位向自己请教做事之道的年轻人说过，做事时，若能准确而迅速地做出判断并付诸行动，你成功的机会就要比那些犹豫不决、模棱两可的人大的多，也往往能做到先为可胜的境界。

现实生活中，有些人踌躇满志，下定决心要做一番大事业，而且也以莫大的勇气去做了，可往往没有取得成功，其原因就在于做事缺乏奥里森·马登所说的准确性和迅速性。

一个能迅速而又准确地对事物做出判断的人，比那些犹豫不决、模棱两可的人多得多。所以，请尽快抛弃那些不良习性吧，因为它只会浪费你的精力。

一个希望取得成功的人，一定要有坚强的意志。在工作之前，必须要确信自己的主意，即使遇到任何困难与阻力，发生任何错误，也不可轻易放弃。我们处理事情时，应该事先仔细地分析考虑，对事情本身及其环境做一个正确的判断，然后再制定决策，而一旦付诸实施，就要全力以赴地去做。

判断力不准确和缺乏判断力的人，通常很难决定真正开始做一件事，即使决定开始做了，也往往很难收场。他们的大部分精力和时间，消耗在犹豫和迟疑当中，这种人即便具备其他获得成功的条件，也不会真正获得成功。

大凡成大事者都懂得当机立断，把握时机。一旦对事情考察清楚，并制订了周密计划后，他们就不再犹豫、不再怀疑，而是能勇敢果断地立刻去做。因此，他们做任何事情往往都能驾轻就熟，马到成功。

造船厂里有一种力量强大的机器，能把一些破烂的钢铁毫不费力地压成坚固的钢板。善于做大事的人就与这部机器一般，他们做事异常敏捷，只要他们决心去做，怎样复杂困难的问题到了他们手里都会迎刃而解。

如果一个人目标明确、胸有成竹，那么他绝不会把自己的计划拿来与人反复商议，除非他遇到了在见识、能力等各方面都高过他的人。一个头脑清晰、判断力很强的人，一定会有自己坚定的主张，他们决不会糊里糊涂，更不会投机取巧，他们也不会犹豫不前，不会一遇挫折便赌气退出，只要做出决策、计划，他们一定会勇往直前。

英国当代著名军人基钦纳就是一个很好的例子。这位沉默寡言、态度严肃的军人勇猛如狮、出师必胜，他一旦制订好计划，确定了作战方案，就会集中心思运用他那惊人的才干，镇定指挥，决不会再三心二意地去与人讨论、向人咨询。在著名的南非之战中，基钦纳率领他的驻军出发时，除了他的参谋长外谁也不知道队伍要开赴哪里。他只下令，要预备一辆火车、一队卫士及一批士兵。此外，基钦纳声色不动、滴水不漏，更没有拍电报通知沿线各地。那么，他究竟要去哪里呢？士兵们也不知道。

战争开始后，一天早晨六点钟，他忽然神秘地出现在卡波城的一家旅馆里。他打开这家旅馆的旅客名单，发现了几个本该值夜班的军官的名字。他走进那些违反军纪的军官的房间，一言不发地递给他们一张纸条，上面签署着命令："今天上午十点，专车赴前线；下午四点，乘船返回伦敦。”基钦纳不听军官们的解释和辩白，更不理会他们的求饶，只用这样一张小纸条，就给所有的军官下了一个警告，起到了杀一儆百的作用。

基钦纳将军有无比坚定的意志和异常镇静的态度，但他深知自己在战斗时所负有的重大使命，因此，他为人处世严谨而端正，公正无私，指挥部下时也从不偏袒，做任何事情不成功就决不罢手。从这些地方，就可以看出基钦纳将军的伟大魄力和远大抱负。

这位驰骋沙场、百战百胜的名将非常自信，做起事来专心致志，富有创意和魄力，也极富判断力，行动果断，为人机警，反应敏捷，每遇机会都能牢牢把握并充分利用。他是向往获得全面成功者的最好典范！